照明设计
理论与实践

LIGHTING DESIGN
THEORY AND PRACTICE

石　瑶 ｜ 主编
晁岱全

唐雪文
许贻艺 ｜ 副主编
周升玮

化学工业出版社
·北京·

内容简介

本书共分3篇5章，首先讲解光学基础知识，第2篇对各类设计方法进行详尽论述，第3篇对各类照明设计实践案例进行深入剖析。本书将复杂的理论以通俗易懂的方式呈现，使读者能够轻松理解和掌握专业知识。本书还强调实践操作的重要性，通过大量实际案例分析，让读者能够更好地理解和运用照明设计方法，提高解决实际问题的能力，实现从理论到实践的有效过渡。

本书适合作为高等院校照明设计相关专业的教材，也可供初入行业有照明设计需求的设计师学习使用，帮助他们快速建立专业认知体系，快速适应工作岗位，提升设计水平，解决在实际项目中遇到的问题。

图书在版编目（CIP）数据

照明设计理论与实践 / 石瑶，晁岱全主编. -- 北京：化学工业出版社，2025. 7. -- ISBN 978-7-122-48066-8

Ⅰ. TU113.6

中国国家版本馆CIP数据核字第20256PY671号

责任编辑：徐　娟　　　　　文字编辑：冯国庆　　　　　装帧设计：中海盛嘉
责任校对：李露洁　　　　　　　　　　　　　　　　　封面设计：王晓宇

出版发行：化学工业出版社（北京市东城区青年湖南街13号　邮政编码100011）
印　　装：天津市银博印刷集团有限公司
787mm×1092mm　1/16　印张11$\frac{1}{4}$　字数267千字　　　2025年9月北京第1版第1次印刷

购书咨询：010-64518888　　　　　　　　　　　　　售后服务：010-64518899
网　　址：http://www.cip.com.cn
凡购买本书，如有缺损质量问题，本社销售中心负责调换。

定　　价：78.00元　　　　　　　　　　　　　　　版权所有　违者必究

编写人员名单

主　　编　石　瑶　晁岱全

副 主 编　唐雪文　许贻艺　周升玮

编写人员　李永山　邓利卫　陈川川　吕　飞　唐　飞　贺勇强　高　键

　　　　　石大伟　彭庆云　王启凯　张金刚　董　丽　张　萌　宋　磊

　　　　　夏蓓蕾　张金玲　冯巧玲　程一鸣　李国庆　崔福昆　刘英儒

　　　　　夏伟剑　唐佳琪　郑秀雅　韩福坤

支持单位名单

温州职业技术学院

北京清瑜同绘规划设计有限公司

良业科技集团股份有限公司

奥斯福集团有限公司

智慧光影应用技术文化和旅游部技术创新中心

深圳爱克莱特科技股份有限公司

温州设计集团有限公司

临沂市市政管理服务中心

山东建筑大学设计集团有限公司

中国城市发展规划设计咨询有限公司

山东管理学院

北京瀚唯环艺建筑设计院

序一

++

　　光，是文明的见证者，亦是城市的书写者。从远古的星火到现代的光影，人类对光的探索从未停歇。在中国城镇化进程的浪潮中，城市夜景照明从功能性需求逐渐升华为艺术与科技的融合载体。2008年北京奥运会的璀璨灯火，2016年杭州二十国集团领导人峰会的诗意光影，再到今日智慧城市的数智化浪潮，照明设计已从"点亮空间"迈向"塑造场景"，成为城市文化、经济与生态平衡的重要纽带。

　　然而，行业的蓬勃发展亦伴随着挑战。过度亮化带来的光污染、能源消耗与生态干扰，促使我们重新审视照明的本质。2019年中央对"景观亮化工程"的规范整治，既是对行业盲目扩张的警醒，亦是对科学设计与可持续发展的呼唤。与此同时，LED技术革新、智能控制系统普及、光与健康研究的深化，为照明设计开辟了新的可能。如何将光学原理、人文关怀与技术创新有机融合，成为当代设计师的核心命题。

　　本书的诞生，源于行业对系统化知识体系的迫切需求。当前，照明设计教育在高校课程中仍显薄弱，专业书籍质量参差不齐，艺术、建筑与工程学科的跨界融合亟待深化。为此，主编汇聚行业顶尖专家与一线实践者，历时数载，编纂了这本《照明设计理论与实践》。全书以"光"为脉络，从基础理论到设计方法，从规划流程到典型案例，构建了覆盖全生命周期的知识框架。

　　本书不仅是理论指南，更是实践手册。书中收录上百余幅设计图纸与实景视频，将抽象概念转化为直观体验；对光学技术基础的融合、光场所空间解析、专项设计方法等前沿课题的探讨，直击行业痛点。我们期待，无论是建筑专业的学生、初入行业的新锐，还是深耕多年的设计师，都能从中获得启迪。

　　在此，衷心感谢石瑶、晁岱全主编的统筹擘画，感谢编委团队的专业奉献，感谢化学工业出版社的鼎力支持，更要感谢良业科技集团股份有限公司、深圳爱克莱特科技股份有限公司、奥斯福集团有限公司等企业提供的珍贵案例与技术支持。愿此书成为一盏明灯，照亮中国照明设计的创新之路，以光为笔，绘就城市与人文共生的璀璨画卷。

中国照明学会副理事长、研究员、原同方股份有限公司光电环境公司总经理

2025年4月于北京

序二

在光与影交织的艺术世界里，年轻的设计师们宛如一颗颗新星，怀揣着对光明的无限热忱与独特见解，为我们开启一段关于照明设计的精彩旅程——《照明设计理论与实践》。

当我们回首往昔，照明的发展历程犹如一部宏大的史诗。从远古时期那跳跃的篝火，到中世纪摇曳的烛火，到近代电灯的诞生，再到半导体固体光源的广泛应用，照明早已超脱了单纯驱散黑暗的功能，进而成为塑造空间、烘托情感以及营造氛围的关键元素。石瑶、晁岱全等设计师敏锐地捕捉到这一演变，在本书中深入探索照明设计的多元理论。从光学原理的精准剖析，到色彩心理学与照明的微妙融合；从不同空间类型对光的独特需求，至照明设计中节能、健康、环保理念的贯彻，编写了"光、颜色与视觉环境基础""光源与灯具基础知识"等内容。书中的每一个章节都彰显着编者深厚的知识储备与深入的研究探索。

实践是检验真理的唯一标准，本书的一大亮点便是丰富的实践案例分享。无论是宁静优雅的居住空间，还是充满活力与创意的商业场所，或是承载着文化与历史的公共建筑，设计师都凭借着创新的设计思维与精湛的技术手段，赋予了室内外的每个空间独一无二的灵魂。本书对这些案例并非仅仅简单地展示，而是伴随着设计思路的清晰阐述、问题解决的巧妙策略以及经验教训的深刻总结，为读者搭建起一座从理论通往实践的坚实桥梁。

在如今这个追求品质与个性化的时代，照明设计的重要性愈发凸显。它不仅是照亮空间，更是在诉说故事、激发想象、引发共鸣。编者在这本书中所展现出的热情、专业与创新精神，无疑将为照明设计领域注入新的活力与灵感。

这是一本结合光学、灯具知识，融合规划设计方法论、专项设计流程、多案例分享的书籍，旨在为大中专院校美术（艺术）、建筑、园林等专业的学生和初入照明行业的同仁提供系统、规范的知识体系与可参考实践的实操经验。

愿每一位翻开此书的读者，都能在字里行间感受到照明设计的魅力与力量，与编者一同在光的世界里探索、创造，开启属于自己的光明之旅。

中国照明学会理事、天津市照明协会执行会长、高级工程师

2024年12月

前言

光的诗行——重塑城市夜色的艺术与哲思

+++

夜色渐深，城市未眠。当星辰隐入云层，人类以光为笔，在混凝土的肌理上书写另一种文明。从远古火把的微光到数字时代的智慧光影，照明不仅是驱散黑暗的工具，更是一场关乎美学、科技与人文的永恒对话。此刻，我们站在时代的交汇点——智能光照感知系统与历史文化传承的沉浸式互嵌，算法驱动的光影与手工雕琢的匠心碰撞，能源的桎梏与创意的自由彼此角力。本书便是对这个时代的关键性注释，亦是对未来城市照明规划与设计的探索。

若将照明史比作一首长诗，白炽灯便是它的平仄，荧光灯就是它的韵脚，而如今的固态光源与智能系统，则是跃动的意象与隐喻。技术的每一次跃进，都让光的"语法"更为丰富：新型光源技术以翱翔之姿重塑城市天际线，节律照明系统使得空间使用者同步人体生物钟，改善睡眠质量并提升日间工作效率，而全光谱技术则试图复刻晨曦与暮色的自然韵律。然而，光的意义远不止于此。当一座博物馆的展柜光色经过调试，当一条老街因光影艺术重现历史剪影，光便成了文化的载体、记忆的容器，甚至情感的催化剂。行业的成熟往往伴随阵痛。我们目睹了技术狂飙下的"光污染之殇"，见证了"千城一面"的标准化设计对地域文化的侵蚀，亦在能源短缺与美学诉求的拉锯中徘徊。智能化的浪潮虽带来精确控制与节能可能，却也让部分设计沦为数据的奴隶——算法生成的灯光秀固然炫目，却常因缺乏人文温度而流于空洞。本书试图直面这些矛盾：如何在效率与质量、科技与人文、全局规划与个体体验之间架设桥梁。答案或许正藏在本书的巧思里。

本书共分三篇五章。第1章以"光环境"为核心，系统阐述光的物理属性（波长、光通量、照度、亮度）、视觉生理机制（明/暗适应、视错觉、视野范围）及色彩感知原理（光源色温、显色指数、CIE色品图）。第2章纵向梳理从白炽灯、荧光灯到LED、OLED的迭代路径，横向解析热辐射、气体放电、固态发光三大光源体系的光效、寿命与适用场景，并结合灯具配光曲线、防护等级（IP）、眩光控制等关键技术指标，剖析室外投光灯、室内嵌装射灯等20余类灯具的光学特性与选型逻辑。第3章构建"总规设计—详细规划"双层规划模型，详解城市照明分区、亮度梯度控制、光色动态分级等核心策略。第4章聚焦街道、滨水区、文旅灯光秀等典型场景设计方法。第5章精选黄鹤楼光影叙事、张掖丹霞地质夜游、宁夏大厦室内等标志性工程，涵盖规划尺度、建筑载体、文旅演绎等五类型。每个案例均包含设计定位、技术参数、运维策略（如智慧云控平台架构），实现"图文-数据-动态"三维知识传递。

本书诞生于一个充满张力的时代：一边是AI绘图与智能算法对设计领域的颠覆，另一边是情怀匠人对"光的温度"的坚守；一边是城市夜景的喧嚣，另一边是乡村暗夜保护的呼声。我们期待它为艺术、建筑、园林等专业的学生提供系统的知识骨架，为新入行的设计师点燃灵感的火种，更为所有热爱光之人开启一扇窗——窗外，是等待被重新定义的城市夜色。

本书由石瑶、晁岱全任主编，唐雪文、许贻艺、周升玮任副主编，特别感谢化学工业出版社给予出版的机会。编写过程中得到良业科技集团股份有限公司、深圳爱克莱特科技股份有限公司、奥斯福集团有限公司、北京清瑜同绘规划设计有限公司等单位和吕飞、陈川川、李国庆等同仁的大力支持。特别要感谢家人和朋友，他们默默地支持是最大的动力，在此一并表示感谢。

由于编者知识有限，加之出版时间仓促，书中难免会有疏漏或不足之处，恳请专家和读者在阅读过程中多提宝贵意见，以便我们后期改正。在此愿我们共同以光为墨，在这幅名为"家园"的长卷上，留下属于这个时代的诗行。

谨以此书献给所有在明暗交界处探索的逐光者。

2025年3月

目录

第 3 篇   实战提升

实景视频二维码目录

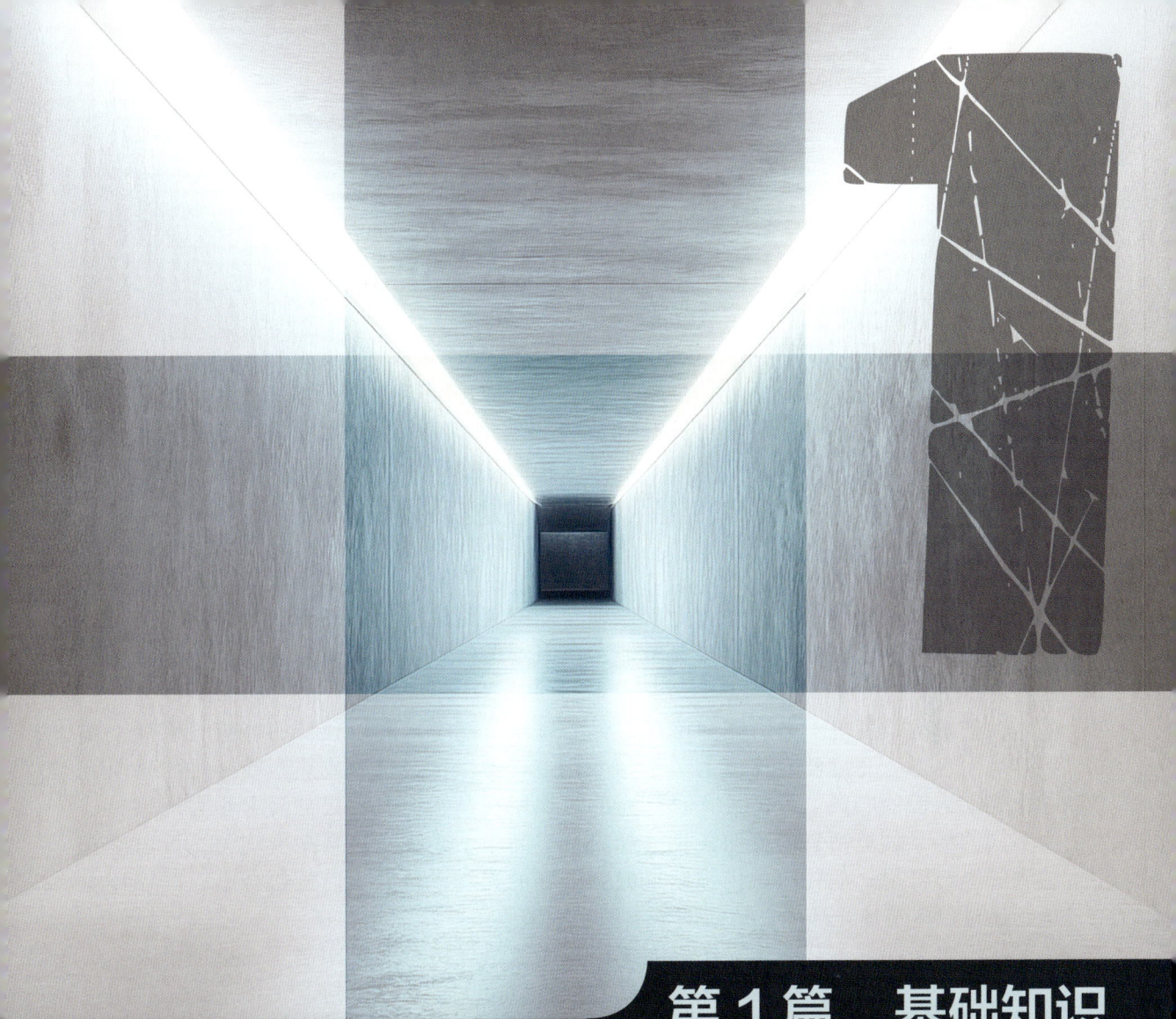

第 1 章

光、颜色与视觉环境

1.1 　认识光环境

什么是光环境？如何评价光环境的优劣？让我们带着问题进入城市光环境的世界，去了解灯光的本质、掌握照明设计的理论、学习真实案例、领悟照明设计的意义。

在我们生活的世界中，光是既寻常又神秘的存在，无时无刻不在塑造着我们的感知与体验。光空间环境，作为光与空间相互交织的产物，其重要性常被我们所忽视。光环境规划设计，不仅是点亮一片区域、一方空间那么简单，它是一门融合了科学、艺术与人文关怀的学科。

从科学的视角审视，它涉及光学原理、能源利用以及生态平衡的考量。需要了解光线的传播规律，以确保既高效又节能，同时要关注对生态系统的潜在影响，避免灯光过度对生态链造成干扰。

在艺术的维度里，光影宛如撩动心灵的舞剧，赋予空间以独特的容貌与精神。在巧妙运用色彩、亮度和对比度的关系与变化过程中，营造宁静或热烈或神秘的氛围，以此触动人们的心灵。人文关怀是灯光的灵魂所在，它能兼容视觉需求和心理感受，为不同的场景创造适宜的光照条件。如公共空间中，光线充足且亮度均匀，可以使人感到安全与舒适；居住区域内，营造温馨柔和的光线，帮助人们放松身心；医疗环境里，通过设置节律光环境，从而调节人的生理节奏。

从历史来探究，从天然火源到人工固态光源，经历了无数次迭变，见证了人类历史的进步。自从有了人工光，人类活动空间得以巨大扩充，生活、工作、娱乐时间得以延长（图1-1）。如何科学、合情、合理地设计光环境，创造人文价值、社会价值和经济价值，成为设计师、建筑师、电气工程师、管理人员等相关人士需要共同面对的问题。

（a）北京大兴机场室内　　　　　　　　　　　（b）宁夏大厦室内

图 1-1　室内灯光（北京清瑜同绘规划设计有限公司提供）

自从人类发明人工光源以来，室外空间的光环境发生了重大变化，尤其是2008年北京奥运会夜景的展现，夜景空间发生了质的变化，人们对夜游产生了浓厚兴趣，因此我国各大城市开始着力打造城市夜经济。城市基础设施环境得到了重大提升，作为城市文旅板块不甘落后，陆续建设了"只有河南""温州市鹿城区瓯江夜游""南昌一江两岸灯光秀""南京夜泊秦淮""西安大唐不夜城"等众多文旅夜游作品。瞬时文旅夜游成为新时尚，为城市带来更多活力、为市民带来更多欢快、为商家带来更多流量（图1-2）。

（a）鸟巢夜景　　　　　　　　　　　　　　　　（b）阿兰拉格达夜景

图 1-2　城市光环境（良业科技集团股份有限公司提供）

光环境是光与空间相互作用形成的感知系统，深刻影响人类行为、心理与健康。评价其优劣需融合三重维度：科学上需遵循光学传播规律，兼顾能源效率与生态平衡，避免光污染破坏自然；艺术上通过色彩、明暗与对比度塑造空间情绪，如用柔和光营造居室温馨感，或以戏剧性光影激发情感；人文上则立足使用者需求，公共空间需均匀照明保障安全，医疗环境需节律光调节生理时钟，体现"以人为本"的设计本质。从火把到LED（发光二极管）的演进史，印证了光环境如何扩展人类活动时空并催生夜经济，而其核心价值在于平衡功能、美学与健康——现代研究揭示的第三类感光细胞及生理节律机制，证实科学的光环境能提升生命质量。学习照明设计，正是要掌握光的本质与跨学科理论，在工作与生活中创造兼具效能、美感与人文关怀的光环境。

1.2　光与视觉

1.2.1　光的特征

1.2.1.1　光的本质

理论上来说，光是能量的一种形式，光在空气中传播是一种电磁波，又叫作电磁辐射。波长位于向X射线过渡区（电磁波辐射波长 $\gamma \approx 100nm$）和向无线电波过渡区（$\gamma \approx 1mm$）之间的电磁辐射称为光学辐射（optical radiation）。

可见光是能对人的视觉形成刺激并能被人感受的电磁辐射，人们很自然地用视觉受到的刺激程度（即视觉感受）来度量可见光，可见光的波长范围是380～780nm（图1-3）。

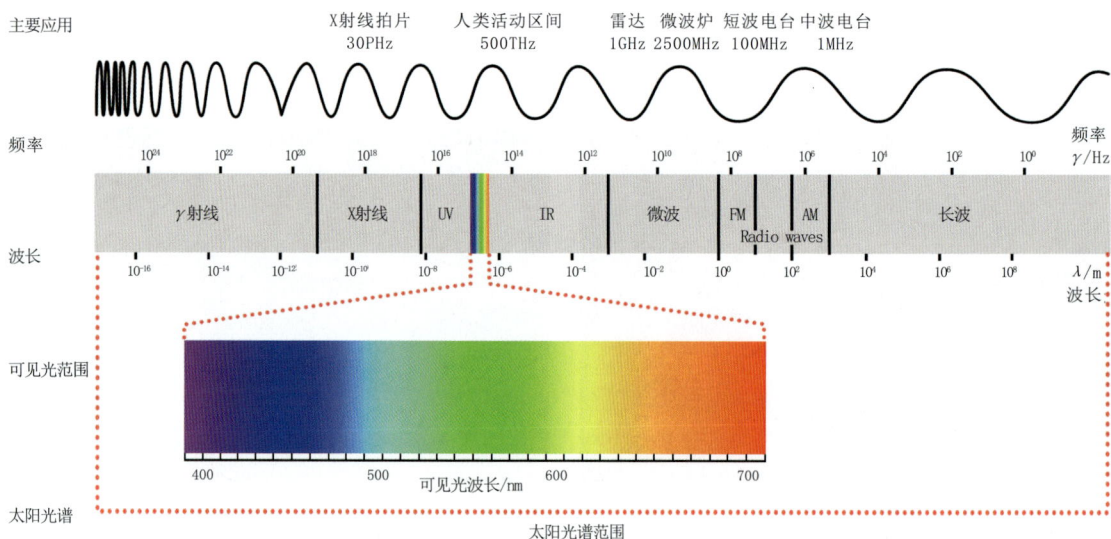

图1-3　电磁波辐射波长范围

根据目前科学发现，可见光波长之外的电磁辐射不能被人眼所感知。但作为一种能量的发射，它依然是客观存在的，不同波长的辐射能够被相应的探测仪器探测到，而且对人体也是有影响的，其中，有些辐射、特别是高频辐射，对人体的危害极大，甚至会致命。对于电磁辐射，无论其波长波短，都应当用一些通用参数来衡量其辐射的强弱，这些参数被称为辐射量。其中的一些辐射在物理、化学和生物学方面也有很多应用，同时广泛开展有益于人类的应用，例如科学技术、医药卫生、医疗保健等。

如表1-1所示，紫外辐射的波长范围是100～380nm，其中100～200nm的辐射会

表1-1　光的各个波长区域

描述	波长范围/nm
紫外辐射-C（UV-C）	100～280
紫外辐射-B（UV-B）	280～315
紫外辐射-A（UV～A）	315～380
可见光	380～780
红外辐射A（IR-A）	780～1400
红外辐射B（IR-B）	1400～3000
红外辐射C（IR-C）	3000～1000000

被空气吸收而不能在空气中传播，只能在真空中传播，因此这一部分又叫作真空紫外辐射。人类可视范围的光谱波长范围是380～780nm，按照传统可以分为赤、橙、黄、绿、蓝、靛、紫（或赤、橙、黄、绿、蓝、紫）七个纯色系（表1-2），每个纯色系对应一段波长。本书所谓的红色、黄色和蓝色实际上只是一种主观、习惯、约定俗成的描述（表1-3）。

表 1-2　可见光的波长及频率

颜色	波长/nm	频率/THz
红色	625～740	480～405
橙色	590～625	510～480
黄色	565～590	530～510
绿色	500～565	600～510
蓝色	485～500	620～600
靛色	440～485	680～620
紫色	380～440	790～680

表 1-3　交通信号灯原理分析

项目	红色	黄色	绿色
光学	波长630～780nm，穿透力强	波长565～600nm，穿透力强。显示距离比红、绿灯远	波长500～565nm，穿透力强
心理学	比其他信号更引起注意，传统中代表危险	要表达热或剧烈的话，最强是红色，其次是黄色	给人安全感，绿色和红色区别大，易于分辨
视觉机理	三种锥状细胞分别对红光、绿光及蓝光最敏感	视觉中杆状细胞对黄色的光特别敏感	三种锥状细胞分别对红光、绿光及蓝光最敏感

　　光谱最饱满的便是太阳光，各波长的分布连续而均匀；其次是白炽灯、卤素灯和暖色LED（发光二极管）灯，之后便是冷色LED灯，光谱相对较"窄"的是荧光灯，波长分布断断续续。图1-4所示是不同光源的典型光谱曲线，可以明显看到太阳光的光谱最饱满，荧光灯的光谱相对较"窄"，卤素灯和白炽灯的光谱仅次于太阳光的光谱。

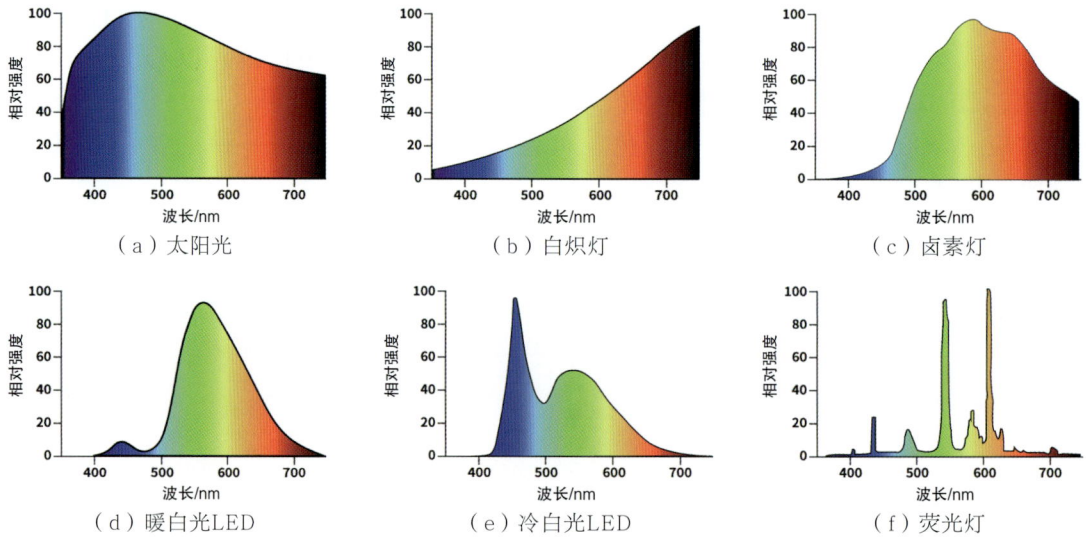

（a）太阳光

（b）白炽灯

（c）卤素灯

（d）暖白光LED

（e）冷白光LED

（f）荧光灯

图1-4   不同光源的典型光谱曲线图

1.2.1.2 光的度量衡

可见光是人眼可以看到的，但是有时候感觉光比较刺眼，有时候感觉光比较黯淡。那么用什么衡量光的多少和强度呢？带着这些问题，我们来探讨一下光通量、照度、亮度、发光强度等物理量。灯光定向照射实景如图1-5所示。

（a）照射树木

（b）照射地面

图1-5   灯光定向照射实景（北京清瑜同绘规划设计有限公司提供）

由于可见光的波长只占整个电磁波谱中一段很狭窄的范围，如果某一段波长不在可视范围内，无论辐射功率多大，人眼也无法感知。换言之，对非可见光波段的电磁辐射而言，无论其辐射量的大小如何，其对应的光学量都是零。因此，为了描述人眼所能感受到的光辐射的强弱、大小，需要基于辐射量，建立一套参数来描述可见光的光辐射的强度，这就形成了光学量。其主要参数有光通量、光出射度、照度、光亮度、发光强度等指标。

（1）光通量。光通量是衡量可见光对人眼的视觉刺激程度的量，光通量的大小就是总的辐射通量中人眼能感受到的那部分光的总容量。就像一瓶矿泉水的容量，普通瓶容量一般为500mL左右，大瓶为1.5L或2L，其容量的单位一般为mL（毫升）或L（升）。但因为人的视觉对光辐射的感受与光的波长（颜色）有关，所以光通量并不采用通用的功率单位瓦作为单位，而采用根据标准光源及正常视力而特殊定制的流明作为单位，单位符号是lm。例如波长为555nm的单色光（黄绿色范围）每瓦的辐射量对应的光通量约等于683lm，而每瓦其他波长的单色光就不是683lm。

光通量是光学的主要参数之一，光通量的符号为Φ_V，单位为流明（lm），1lm=1cd×1sr。注：cd是亮度单位，sr是单位立体角。常见光源的光通量见表1-4。

表 1-4　常见光源的光通量

类型	功率	光通量
白炽灯 （Incandescent Bulb）	25W	200～250lm
	60W	700～800lm
	100W	1300～1600lm
卤素灯（Halogen）	20W	300～400lm
	50W	800～1000lm
节能灯 （CFL，紧凑型荧光灯）	15W	800～900lm
	23W	1500～1600lm
LED光源	8W	600～800lm
	12W	1000～1200lm
	30W	3000～5000lm
	100W	1000～1200lm
荧光灯管 （T5/T8）	28W（T5）	2600～2900lm（光效93～104lm/W）
	36W（T8）	2800～3200lm（光效78～89lm/W）
高压钠灯 （HPS，户外）	150W	14000～16000lm（光效93～107lm/W）
	400W	48000～50000lm（光效120～125lm/W）
金属卤化物灯 （MH，工业/体育场）	250W	20000～22000lm（光效80～88lm/W）
	1000W	100000～110000lm（光效100～110lm/W）
氙气灯 （HID，特殊场景）	35W（车用）	3000～3500lm（光效85～100lm/W）
	5000W（探照灯）	500000～600000lm
OLED（新型面光源）	10W面板	800～1000lm（光效80～100lm/W）

（2）光出射度。光通量是一个光源发光之后的光的总的容量，但是光总是要向某个方向照射，那么光源单位面积发出的光通量就称为光源的光出角度，也称出射角度，通常用符号M_V表示，光出射度的单位为流明每平方米（lm/m^2）。

（3）照度。指光源发射光线后照射到被照面单位面积接收的光通量，通常用符号

E_V表示，单位是勒克斯（lx）。照度1lx表示在1m^{2}的面积上均匀分布1lm的光通量，即1lx=1lm/m^2。光照度是衡量拍摄环境的一个重要指标。就好比一桶水有5L，把这桶水全部泼在地上5m^{2}内，可以描述为每平方米有1L水。而照度就是一个光源的光通量为5lm，垂直均匀照射在5m^{2}范围内，照射距离1m，那么照度就是1lm/m^2。

（4）光亮度。光亮度又称发光率、亮度，是指一个被照面表面的明亮程度或发光强度，以L_V表示，即从一个被照面表面单位面积反射出来的发光强度，或者说是指在某个方向上单位投影面积的面光源沿该方向单位立体角内的光通量。不同物体对光有不同的反射系数或吸收系数，所以光源在相同发光条件下，照射在同一被照面（相同角度内），光照度不因被照面的材质、反光系数等因素而变化，但是亮度因被照面的材质、反射系数等因素而变化。光亮度的单位是尼特（nit），1nit=1cd/m^2。

在我们生活中，不同发光表面的发光亮度是多少呢？根据经验及试验，见表1-5。

表1-5　常见发光表面的发光亮度（引自《照明技术与照明设计》）

表面名称	光亮度/（cd/m^2）	表面名称	光亮度/（cd/m^2）
在地面上看到的太阳的表面	（1.5～2.0）×10^9	100W的白炽钨丝灯	6×10^7
日光下的报纸	2.5×10^4	6V汽车头灯	1×10^7
白天晴朗的天空	3×10^3	放映灯	2×10^7
在地面上看到的月亮的表面	（3～5）×10^3	卤钨灯	3×10^7
月亮下的白纸	3×10^2	超高压球形汞灯	1×10^8～2×10^9
蜡烛的火焰	（5～6）×10^3	超高压毛细管汞灯	2×10^7～1×10^9

在做照明设计时，一般会提前进行现场调研，调研照度、亮度的分布情况，可用专门的照度仪器或者亮度仪器进行测试（图1-6）。

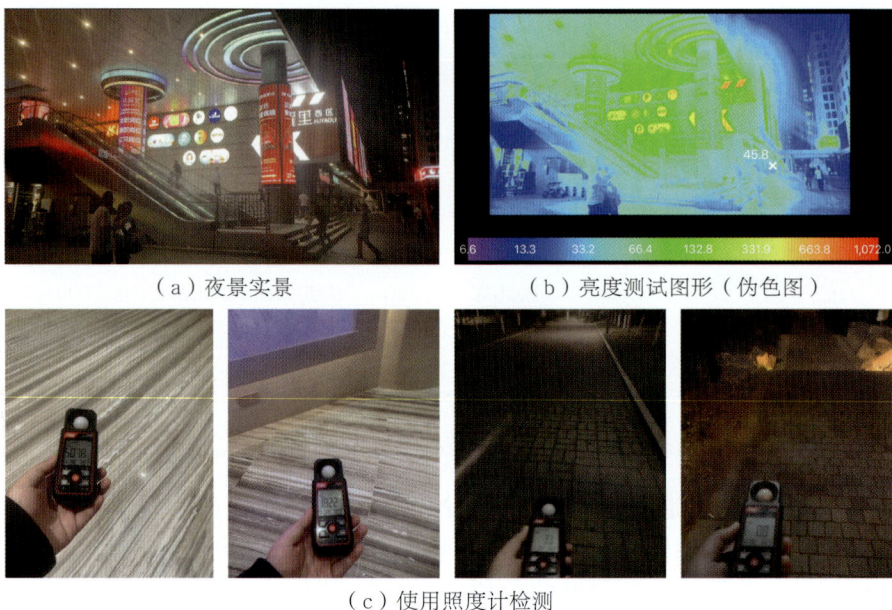

（a）夜景实景　　　　　　　　　　（b）亮度测试图形（伪色图）

（c）使用照度计检测

图1-6　现场照度测试（北京清瑜同绘规划设计有限公司提供）

亮度（luminance）与照度（illuminance）是光学的两个关联概念，但分别从不同角度描述光的特性。照度衡量单位面积接收到的光通量（单位：勒克斯，lx），反映被照射面的受光强度；亮度表征光源或反射表面在特定方向上的发光强度（单位：坎德拉每平方米，cd/m²），体现人眼感知的明亮程度。两者的核心联系在于：对于漫反射表面（如墙面、纸张），亮度由照度与表面反射率共同决定；而对于自发光体（如LED点光源、LED屏幕），其亮度直接影响其在空间中产生的照度，且随距离平方衰减。简言之，照度描述"光到达了多少"，亮度描述"光看起来有多亮"，二者通过空间几何、材料属性及观测方向相互关联，但不可直接等同。

（5）发光强度。发光强度在光学中简称光强或光度，用于表示光源给定方向单位立体角内、单位面积内的光通量的总和，通常用I_v表示，国际单位为坎德拉，符号为cd，以前又称烛光、支光。1cd的点状光源所发出的总光通量为1πlm，一支普通蜡烛的发光强度约为1cd。发光强度用于表示点光源在某一指定方向上发出光通量能力的大小。

1.2.2　视觉与视野

1.2.2.1　视觉的含义

《汉典》中对视觉的表述为：物体的影像刺激眼睛所产生的感觉。在生理学上，光作用于视觉器官，使其感受细胞兴奋，其信息经视觉神经系统加工后便产生视觉。通过视觉，人和动物感知外界物体的大小、明暗、颜色、动静，获得对机体生存具有重要意义的各种信息，至少有90%的外界信息是经视觉获得的，视觉是人和动物最重要的感觉。

人对视觉环境的认知，主要是通过三个基本信息的获取而完成的，那就是对比、亮度和色彩。人对三维世界运动或相对静止的物体的视觉认知完全来自光、影、质感及色彩的信息综合处理和加工，使大脑连续不断地诠释视觉信息，从而创造了人的视知觉。

人的视觉组成要素是：①视野中的被照物体应具备一定的大小；②视野中的被照物体必须具备一定的最小亮度；③眼睛要能够适应视野中的整体亮度；④视野中的被照物体要有一定的最小亮度比；⑤被看的物体其光照呈现要有相对一定的时间（图1-7）。

（a）对比　　　（b）亮度　　　（c）色彩

图1-7　视觉环境（北京清瑜同绘规划设计有限公司提供）

照明标准的确定是与视觉条件相辅相成的，由此可以确定基本的照明标准的制定应该包括以下内容：①照明水平；②空间中的光照分布；③光色与显色性要求；④眩光控制。

如果物体没有亮度变化，我们将无法分辨物体，例如以黑色为主的书法，也是常常"墨分五色"。其中亮度的变化形成对比，有两种形式，即亮度对比和色彩对比，这两种形式基本是同时发生的。亮度对比是指物体的亮度与其背景的亮度之比。人在非常低的亮度水平下，对比的感受性增加较快。但当背景平均亮度达到100cd/m^{2}时，感受性将保持在最高。在比较高的亮度下，由于眩光效应，感受性将逐渐降低。物体的尺寸大小和关注时间长短也会影响对比的感受性。

色彩是视觉中最为活跃和敏感的要素，物体的色彩千变万化，只有在高还原性的灯光下才能接近还原本色，例如太阳光或白炽灯光下。

1.2.2.2　视觉解析

（1）视错觉。视错觉是指观察者在观察物体时，由于视觉感知与客观事实存在偏差而产生的错误的视觉印象。这种现象的产生通常是由于人类视觉系统的生理特性、认知方式以及环境等因素的综合作用。例如，在某些几何图形的排列中，由于线条的长度、角度、方向等因素的影响，可能让人产生线条不平行、图形大小不一致等错觉。视错觉在艺术、设计、心理学等领域都有重要的研究价值，它不仅能够帮助艺术家和设计师创造出更具吸引力和独特性的作品，也有助于心理学家深入了解人类的视觉认知机制和大脑处理信息的方式。

以下列举一些常见的视错觉类型（图1-8）。

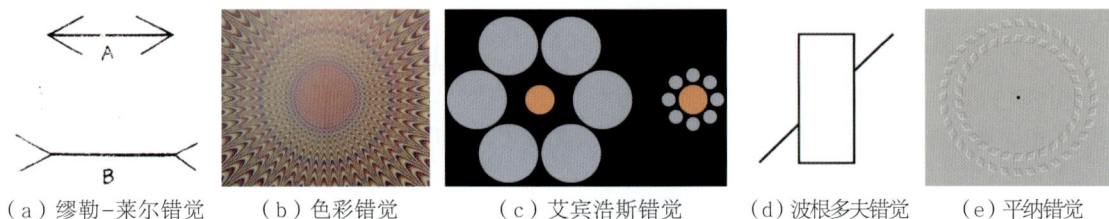

（a）缪勒-莱尔错觉　　（b）色彩错觉　　（c）艾宾浩斯错觉　　（d）波根多夫错觉　　（e）平纳错觉

图1-8　视觉错觉

①几何错觉：如缪勒-莱尔错觉，即两条等长的线段，两端加上向外或向内的箭头，看起来会感觉长度不同。

②色彩错觉：如图1-8（b），采用同心圆+放射状线条的几何构图，线条呈现波浪形或锯齿状轮廓，通过重复、对称的形态排列，制造出"动态旋转""空间延伸"的视觉错觉。暖色调的扩张感与冷色调的收缩感相互作用，配合色彩渐变，引导视线向中心汇聚，同时产生"色彩抖动"的错觉。

③大小错觉：像艾宾浩斯错觉，即两个大小相同的圆，被不同大小的圆环绕时，会觉得被较小圆环绕的那个圆更大。除周围灰色圆形影响外，中心小球的颜色也会有互补错觉的出现，影响人眼睛的视觉判断。

④形状错觉：例如波根多夫错觉，即一条直线被错开的遮挡物遮住时，看起来似乎不在一条直线上。

⑤平纳错觉：当观察者的头部在注视黑点时前后移动，两个圆圈似乎在移动。

这些视错觉现象在日常生活、艺术创作、广告设计等领域都有着广泛的应用和影响。

视觉不仅在图形的尺度上常会有错觉，在图形的亮度对比上也经常会有错觉。由于有这种视觉错觉，所以在进行照明设计时应注意项目现场的夜间亮度环境关系。同一个亮度的物体，置于比其亮度高的位置或置于比其亮度低的位置，在视觉上的表象常常是不同的，所以进行照明设计时对被照明载体的亮度取值与周边环境的亮度关系非常重要，也叫作亮度环境比。

（2）视觉适应、对比和恒常性

①视觉适应。视觉适应是人的视觉对刺激所做的反应改变，包括亮度适应和色彩适应两类。亮度适应是人眼随视觉环境中光量的变化而感受性发生变化的过程，有暗适应和明适应两种。色彩适应是人眼在光照条件变化时，通过视网膜和视觉系统的自动调整，维持对物体颜色感知相对稳定的过程。例如，从日光环境进入白炽灯光环境时，人眼能逐渐适应新光源，使物体颜色看起来与原始环境一致（如最初感觉偏黄的物体几分钟后恢复自然色）。这是一种视觉系统的补偿机制，旨在减少光照变化对颜色判断的干扰。

②对比。视知觉中的对比现象总是与色彩紧密相连的，一种颜色与另一种颜色在时间和空间上的关系对视觉所产生的影响称为对比。对比的要素包括明暗、大小、远近、强弱等感觉效应。对比分为两大类，即同时对比和连续对比。

③恒常性。当视觉环境中的知觉条件如距离、照明等发生变化时，知觉对象的大小、形状和颜色仍然保持相对不变，这就是知觉的恒常性。常见的恒常性有亮度恒常性、大小恒常性、形状恒常性、颜色恒常性等。

（3）视觉成像。人的眼睛为什么能接收光线，并能识别光线？这就需要从生物学角度了解人眼的系统构造（图1-9）。

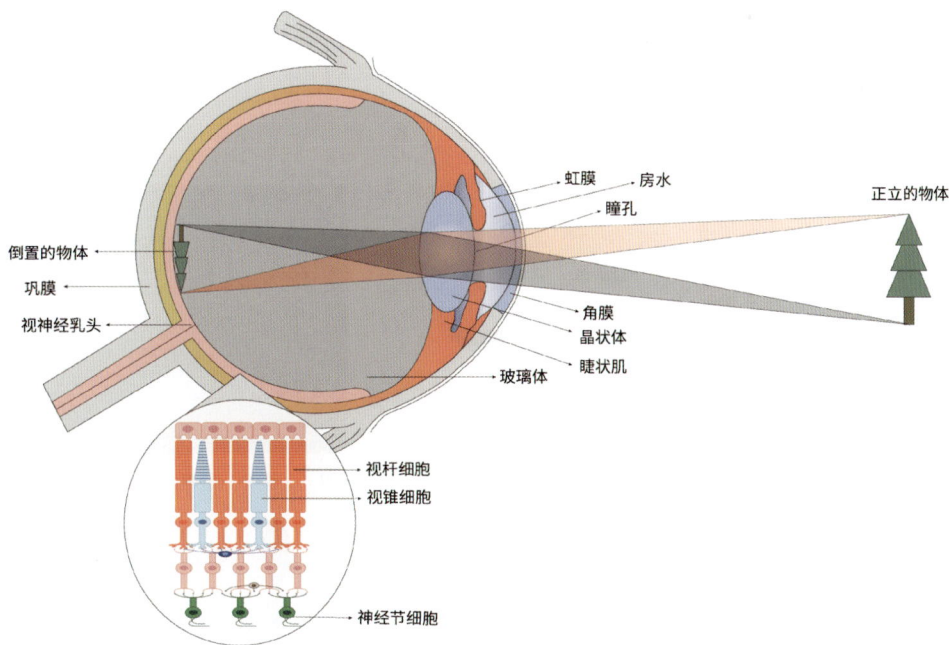

图 1-9　眼睛视觉构造

人眼是视觉系统的外围感觉器官，接收千变万化的视觉刺激，尤其光学刺激，将这些刺激转换为视神经冲动，再到达大脑皮质视觉中枢进行编译，使得人们可以辨认载体的形状造型、大小尺度、色彩灰度、明暗强度、动静关系等，从而了解外部世界。这个视觉过程包括折光、感光、传导和中枢处理四项生理机制。图1-10是视觉反馈过程示意。

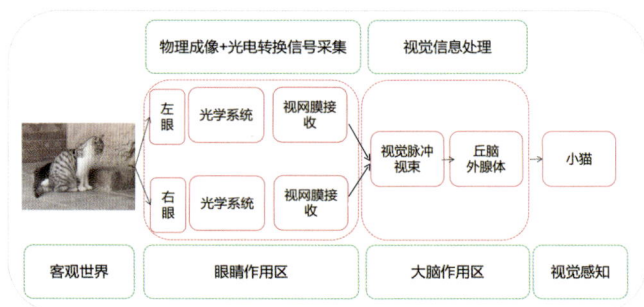

图 1-10　视觉反馈过程示意

人眼的折光系统由角膜、房水、晶状体和玻璃体组成。当光线照射进眼睛时，经过角膜前、后表面和晶状体前后表面四个不同屈光的折射面，在角膜、房水、晶状体和玻璃体这四种不同折射率的介质中透射和折射，最后聚焦于视网膜上，形成上下倒置、左右换位的影像。眼底视网膜起到光电传感器的作用，吸引光量子，输出生物电流。视觉通路将生物电信号转换成一束信号，而双侧视野内容被传入相对侧的大脑——大脑皮层视觉区。大脑皮层视觉区的工作机理非常复杂，目前尚待深入探索。

根据生物学理论，眼睛的瞳孔可以依据外界的环境控制进光的数量，调节人的视觉感知。晶状体是个双凸面镜椭圆扁造型，具有调节聚焦作用。视网膜上的感光细胞将感受到的光线编译成特殊生物电流，左眼的内容传输到右脑，右眼的内容传输到左脑。然后左右脑进行编译合成一份完整的视觉成像信息（图1-10）。

感知光的相关器官，如视网膜，在辨别色彩上比较重要。实验表明，在观察视场明暗程度不同的情况下，光谱光效函数（人眼对不同波长的光的灵敏度的波长的函数，称为光谱光效率函数）也会稍有不同，这是由人眼的明视觉和暗视觉的两种感光细胞呈现的。视网膜上的感光细胞分别为杆状细胞和锥状细胞。人眼中全部的感光细胞大约有1.37亿个，其中视杆细胞就占了95%（约1.3亿个），而视锥细胞仅有约700万个（图1-11）。

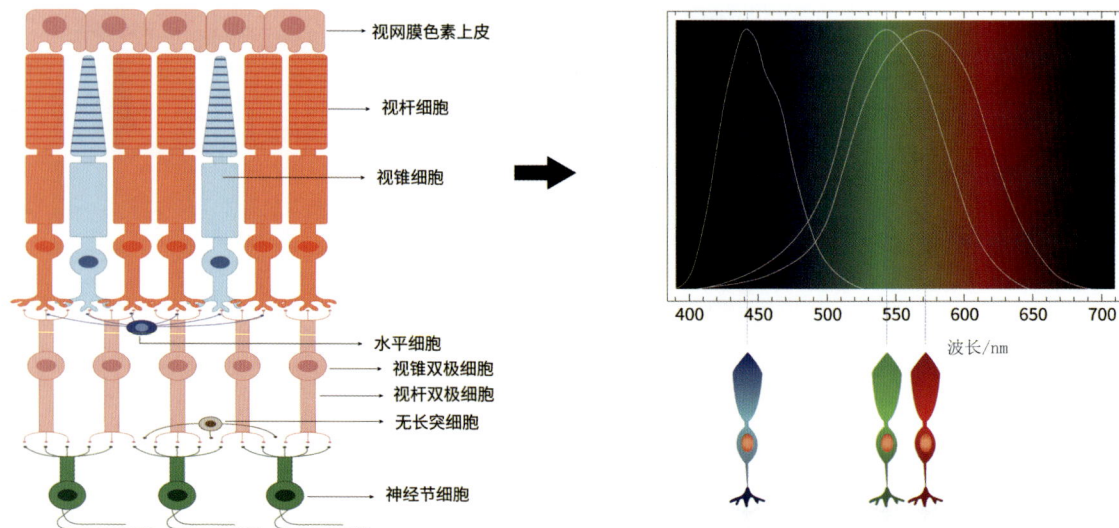

图 1-11　感光细胞的分类（北京清瑜同绘规划设计有限公司提供）

杆状细胞对亮度的程度很敏感，能在环境亮度低于0.005cd/m²时起作用，但无法分辨颜色，其主要负责夜晚的视觉。锥状细胞主要感受颜色，在环境亮度大于5cd/m²时起作用，主要负责色彩视觉。杆状细胞和锥状细胞同时响应，根据明暗度的不同、活跃程度相互切换变化。人眼视网膜上的锥状细胞，还可以细分为感知红色、绿色、蓝色的细胞（图1-12）。

（a）杆状细胞主要作用   （b）锥状细胞主要作用

图1-12 费县颜真卿公园（北京清瑜同绘规划设计有限公司提供）

2002年，戴维·布森发现第三类感光细胞，即内在光敏感视网膜神经节细胞（ipRGC），在生物昼夜节律和瞳孔对光反射的调节中具有重要作用，现特指含有视黑色素蛋白的神经节细胞，主要控制人的生理节律。ipRGC是光照疗法的主要应用基础，其改善睡眠的健康机制是暖红光进入眼睛，通过视网膜刺激ipRGC将光线传递至视交叉上核（SCN）——节律中枢，再刺激松果体从而刺激褪黑激素（睡眠激素）的分泌。目前，该项研究仍在继续推进，同时，国内专家也进行了相关专业性研究（图1-13）。

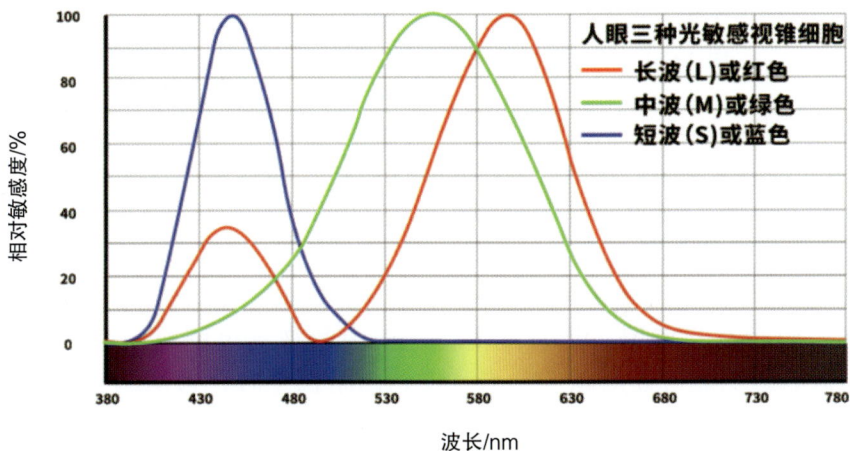

图1-13 人眼三种光敏感视锥细胞

1.2.2.3　明视觉与暗视觉

大部分时候人有一种视觉感觉，就是突然进入一个暗黑的区域或者从暗黑空间瞬间进入一个明亮的区域，人的眼睛并不能立刻适应过来，这是什么原因呢？其中就有明视觉、暗视觉和中间视觉的原因。

（1）明视觉。当亮度高于大约$5cd/m^2$时，人眼视觉系统主要是锥状细胞在起作用，在视网膜中央小窝处（正对瞳孔的中央部位）可以感受到色彩和物体的细节。最大的视觉响应区域大概在光谱波长555nm处，这就是明视觉的条件。从暗环境到明亮环境的适应过程是明适应的本质：明适应的终点是明视觉的建立，两者共同维持视觉系统在明亮环境中的稳定性。

（2）暗视觉。当周围环境亮度低于$0.005cd/m^2$时，锥状细胞失去活动性，主要由杆状细胞起作用，此时就是暗视觉的条件。在暗视觉条件下人眼的视觉系统没有颜色知觉，因此无法辨认色彩，此时的视觉适应称为暗适应。其特点是只能分辨明暗，而没有颜色感觉，并且辨别物体细节的能力大大降低，但感光灵敏度极高，是锥状细胞感光灵敏度的10000倍。所以在弱光作用下，主要由杆状细胞起作用，看到的景物呈现灰黑色，只有明暗感，没有彩色感（图1-14）。

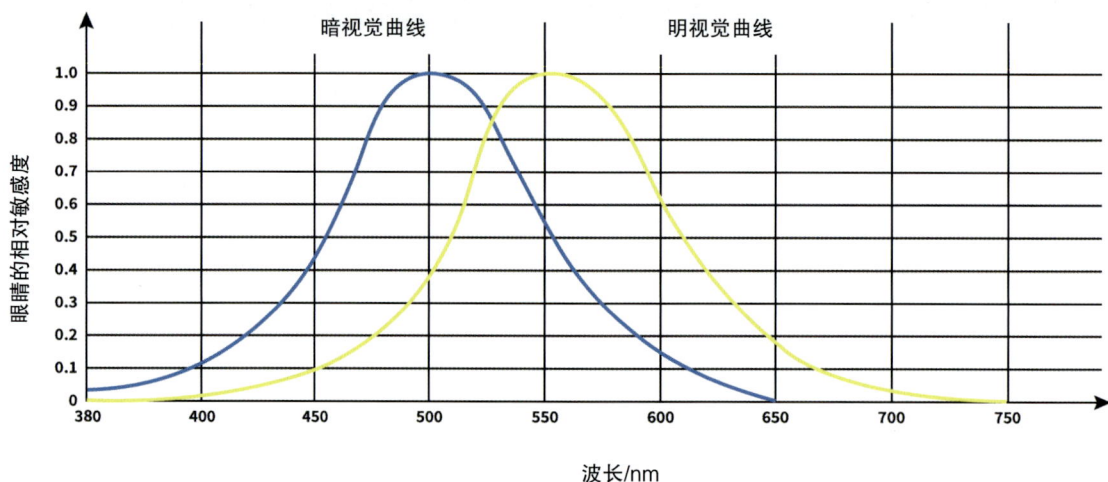

图 1-14　明视觉曲线与暗视觉曲线函数——谱尔金效应

在暗夜环境中，能将物体识别清楚的动物有很多种，例如猫头鹰、猫、眼镜猴、蛇、蟑螂、狗等。据威斯康星大学麦迪逊分校的眼科比较学教授研究评估：狗类的夜视能力约为人类的5倍，猫咪的夜视能力为人类的6～7倍，这是因为很多夜视觉动物的眼睛里杆状细胞数量异常多。

（3）中间视觉。中间视觉发生在明视觉与暗视觉之间，此时视觉系统的锥状细胞和杆状细胞同时在起作用。当亮度变化趋向中间视觉范围时，中央窝（眼睛内部后侧）对光谱的感受能力逐渐降低。当亮度趋向暗视觉时，边缘的杆状细胞逐渐起作用，颜色视觉逐渐消失，光谱的敏感性向短波方向偏移。

（4）三种视觉差的适应案例。我们在生活中经常发现，晚上睡觉时，在关灯的瞬间，卧室里一片漆黑，而过了一小会儿，就可以慢慢地看清一些物体。我们坐火车急速通过一个长隧道时，从隧道出来的瞬间会感觉特别亮，适应速度相对比较快，但进入隧道的瞬间会感觉突然暗下来，长久无法适应。在陶渊明的《桃花源记》中写道："初极狭，才通人。复行数十步，豁然开朗。""豁然开朗"的过程就是因为初在狭窄、光线昏暗的地方，突然进入明亮开阔的区域，中间适应过程较短，对比度比较大，眼睛就有豁然的感觉。在机理上是因为人有几种视觉感知细胞，在感应光和色彩外，对刺激是需要一定的反应和翻译时间的。所以在设计中需要考虑光环境的迅速变化对眼睛适应性影响。如果我们细致观察会发现现在的隧道建设时，刚进入隧道口的一段区域，灯光照度与室外的照度趋于相近，比隧道内部的亮度要高，而进入中间段时，亮度会逐渐降低，逐渐进入标准值（图1-15）。

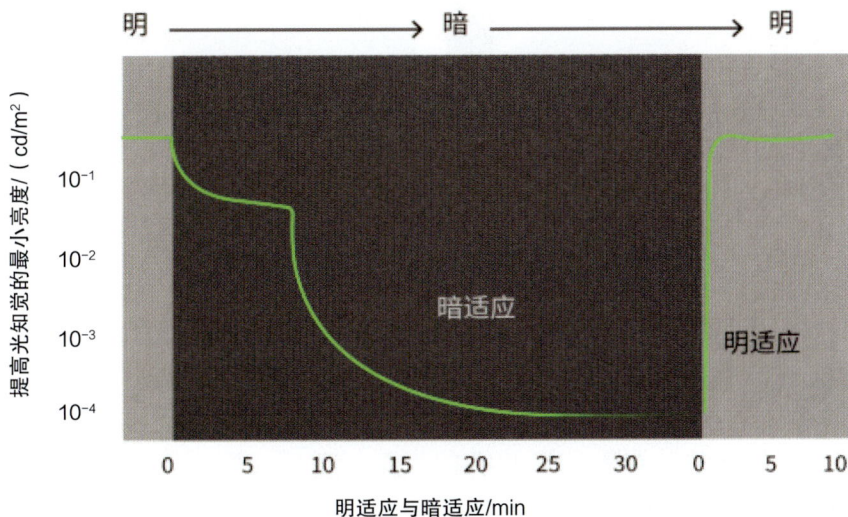

图 1-15　三种视觉差的适应度

（5）视觉暂留现象。我们看到的动画片或者电影、电视画面是持续不断的、连续的。如果这个画面逐渐降低速率，可以慢到什么程度，我们才可以正常地观看连续动画呢？或者画面连续播放的速度达到多少，我们才能看到连续的画面？在视觉机理上，这取决于人眼的视觉暂留作用。人眼能够把视觉印象保留在人的视觉系统里一个很短的时间内，与下一个画面某种程度地重合，就形成了动画连续播放的感觉。在实际试验中，适中的光环境下，人眼保留视觉的时间大约为0.1s。例如汽车齿轮转动起来，我们能看到车轮在旋转，但如果车轮的旋转速度达到某个"速度"（车速约80km/h），会感觉车轮在倒转。

如果从动画制作的角度来分析，按照视觉残留0.1s的规律，一般Flash动画会设置在12帧/s，电影电视影片多设置在24帧/s（25帧/s）或33帧/s画面。有时为了拍摄高清慢镜头，会使用超高速摄像头拍摄。截至2025年8月，工业高速摄像机在降低分辨率时最高帧率达285000帧/s，其帧率与分辨率呈反比。

（6）眩光。我们在生活中，不管如何去适应暗视觉、明视觉，总会发现一些灯光光线使我们的眼睛不舒服。我们常发现一些光线比较刺眼，例如汽车的远光灯直接照射到眼睛、太阳光在镜面上反射进眼睛、电弧焊的电焊光芒，这类光线强度比较高，直射进眼睛会使得眼睛感觉很不舒服，这就是眩光（图1-16）。

（a）建筑立面眩光　　　　　　　　　　　　　（b）空间平面眩光

图1-16　生活中的眩光（北京清瑜同绘规划设计有限公司提供）

眩光是由于视野中的亮度分布或者亮度范围的不适宜或存在极端的亮度对比，以致引起不舒适感觉或降低观察细部或目标能力的视觉现象，其可以分为不舒适眩光和失能眩光。

①不舒适眩光。在心理学上，不舒适眩光（discomfort glare）亦称"心理眩光"，引起人视觉上不舒适的眩光单纯影响人的视觉舒适感，而不影响视觉操作绩效。通常，眩光源的数量越多，眩光源的亮度越大，眩光源与观察者视线的夹角越小，眩光源的表面积越大，眩光亮度与环境亮度的反差越大，或观察者的年龄越大，其效应也越大。

②失能眩光。失能眩光是降低视觉功效和可见度的眩光，同时它往往伴有不舒适感，主要是由于视野内高亮度光源的杂散光进入眼睛，在眼球内散射而使视网膜上的物像清晰度和对比度下降造成的。失能眩光用一个作业在给定的照明设施下的可见度与它在参考照明条件下的可见度之比，称作失能眩光因数（DGF）来度量。失能眩光因数（DGF）通过以下公式计算：

DGF=给定照明环境下的可见度/参考照明条件下的可见度

这个公式帮助量化不同照明条件对作业可见度的影响，从而评估眩光对工作的影响程度。

失能眩光因数。在照明设计和评估中非常重要，特别是在需要高精度视觉作业的场所，如手术室、实验室等。通过计算DGF，可以优化照明设计，减少眩光对作业的影响，提高工作效率和安全性。此外，DGF还可以用于评估不同照明设施的效果，帮助选择合适的照明方案。

③眩光的形成机理。按照眩光形成的机理可以分为四类，见表1-6。

表 1-6　眩光定义区分

分类	眩光分类
直接眩光	光源在眼睛水平线上下30°、左右75°的视野范围内，通过直接或余光目视光源所产生的效应被称为直接眩光（相当于光源照射向眼睛直接照射），如直视太阳、灯管、夜间对面来车车灯等
间接眩光	与直接眩光不同，其在视野中存在着高亮度的光源，光源及光线不在观察物体的方向，但会引起眼睛的相对不舒适
反射眩光	光源经由物体表面反射而进入视野范围，造成眼睛无法辨识前方物体，例如镜面、黑板、桌面、书本的反光现象
对比眩光	又称背景眩光。眼睛注视主目标物时，该目标物后方范围有强光，造成明暗对比而看不清楚主目标物。此明暗对比越大，眼睛越容易疲劳

④眩光值。目前，眩光的评价指标和方法有多种不同的模型，根据具体的照明应用环境使用不同的评价算法。例如，常用阈值增量（TI）来评价道路照明用失能眩光，用统一眩光指数（UGR）评价室内工作场所中的不舒适眩光。此外，还有眩光指数（GR）、英式眩光指数（BGI）、CIE眩光指数（CGI）等评价方式。《技术报告　室内照明不适眩光》（CIE 117—1995）和《建筑照明设计标准》（GB/T 50034—2024）均定义了室内UGR的计算方法。

根据《技术报告　室内照明的不适眩光》（CIE 117—1995）和《建筑照明设计标准》（GB/T 50034—2024）的规定，将UGR分为七档，这七档可以与主观感受相关联（表1-7）。

表 1-7　统一眩光值与主观感受的对应关系

统一眩光值	人的主观感受
UGR < 10	几乎无眩光，光线极为舒适
10≤UGR<13	刚感受到眩光，通常可以接受
13≤UGR<16	轻微的眩光，通常可以接受
16≤UGR<19	中等眩光，适用于办公室等工作环境
19≤UGR<22	明显的眩光，适合工业厂房、商店等场所
22≤UGR<25	较强的眩光，可能会引起不适
25≤UGR≤28	极强的眩光，不适合人类长期工作或生活的环境

1.2.2.4　视野

（1）视野的角度。"横看成岭侧成峰，远近高低各不同。不识庐山真面目，只缘身在此山中。"苏轼的这首《题西林壁》从不同视角观看庐山，生动地说明了观察事物的角度不同，得到的结论也不同，说明了视角视野的重要性。在物理学中，静视野指头部不动，眼球不转动时能观察到的空间范围，而眼球自由转动时能够看到的全部范围称为动视野。

人眼的综合视野可以分解为水平视野和垂直视野。通常，正常人眼的水平视野是：双眼区域大约在60°以内。垂直平面视野是：最大视区为标准视线以下70°，颜色辨别界限在标准视线以上30°和标准视线以下40°。最佳视野范围为左右15°和上下15°。最大固定视野范围为左右90°（双眼重叠的区域为120°）和上下70°。头部活动时视野可以扩大，背景颜色会影响视野的大小。动视野比静视野左右约宽15°，上方约宽10°，下方不变。视野又可分为单眼视野和双眼视野（图1-17）。

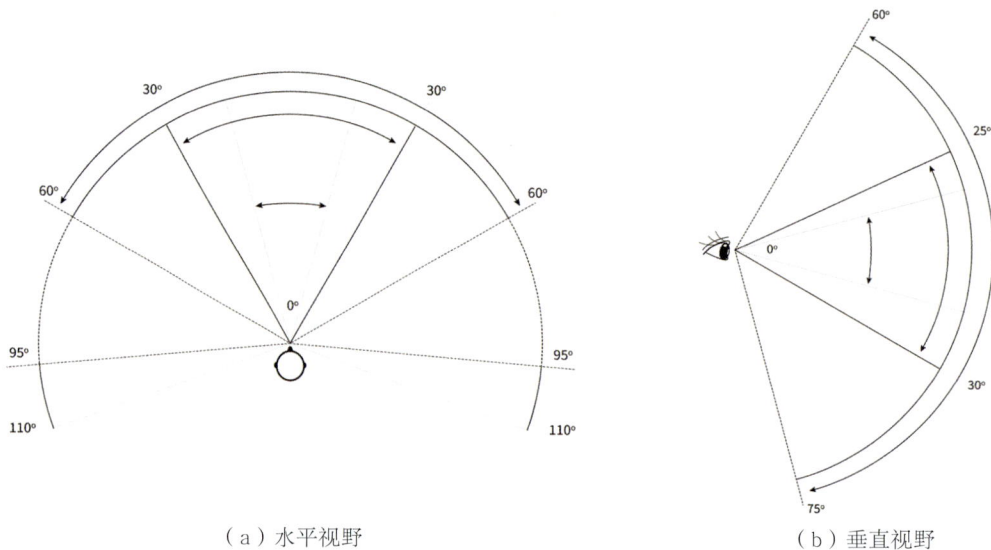

（a）水平视野　　　　　　　　　　　　（b）垂直视野

图 1-17　宽幅镜头视野（北京清瑜同绘规划设计公司提供）

人眼的视野加上头部上下仰和左右转动形成的视野，成为设计画面时常使用的边界所在。一般而言，映在人眼视网膜上的图像，只有中心部分能分辨清楚，这称为分辨视域，约为15°；15°～30°称为有效视域，人眼能立刻看清物体的存在和动作轨迹，在有效视域内人不需要转动头部即可清楚辨别物象程度；超过水平方向视野角30°的周边部分称为诱导视野，俗称眼睛的余光，人眼只能通过余光感觉到物体的存在或有动作出现，并不能看清楚是什么物体或什么动作（图1-18）。

图 1-18　有效视野与诱导视野（北京清瑜同绘规划设计有限公司提供）

（2）视野的画幅。画幅的比例与视觉的观赏心理感觉有种特殊的心理关系，例如我们常使用的电视比例多为16：9和4：3的比例，其他的比例还有16：10、1.78：1、

1.85∶1、2.35∶1等。导演斯皮尔伯格的很多电影都是用1.85∶1的画幅进行拍摄的，而电影《横冲直撞大逃亡》却使用2.35∶1的画幅，导演解释说："因为要拍摄高速公路，而这部电影基本上就是一场加长版的飙车戏，所以选择2.35∶1这样的全景画幅，非常适合表现在一段又长又宽的公路上的车流，以及车与车之间的关系。"又如电影《我不是潘金莲》中，使用两种比例的构图，一种是圆形，另一种是方形，圆形和方形根据故事情节、感情心绪的变化而转换（图1-19）。

（a）圆形构图　　　　　　　　　　　　　　　　（b）方形构图

图 1-19　电影《我不是潘金莲》剧照

在进行照明设计时，也需要根据载体的性质与表达的目的，选择设计方案画面的图幅或者绘制图纸的图幅比例。如载体是一座单体高层建筑，设计意图是想表达建筑的耸立感觉，图幅可能就是竖版，如果要表达建筑与周边远距离环境的亮度关系，就有可能需要宽幅画面（图1-20）。

（a）郑州如意塔夜景竖幅　　　　　　　　（b）费县颜真卿公园夜景效果图横幅展示
展示（良业科技集团股份有
限公司）

图 1-20　竖幅和横幅画面

（3）最佳视距。视距即视看物和视观察者之间的距离，视看距离是进行照明设计空间尺度分析的重要因素。每个视看位置都存在着最佳视距的问题，因此为了使人们能够在舒适的视角下清晰地辨识信息，特别是媒体立面、LED屏幕的设计，需进行严谨的计算设计。

目前城市尺度照明设计中，自发光媒体屏幕具有极佳的视觉传播优势，覆盖了商场、医院、机场等大型室内外场景。但是很多场景中的媒体屏幕效果并不佳，尤其是建筑外立面媒体立面灯光。媒体屏幕最佳视距主要由对角线图像大小与像素密度决定，光源间距越小，越适合近距离观赏，而画图图像越大，则像素密度越低，这时就需要更大的视觉距离，所以室外大尺寸的屏幕应保持内容的复杂程度限度性。

根据研究，人眼能辨识载体的最小视角是0.78分（1分=1/60°）。考虑周围环境的综合因素，暂按照最小视角为1分，就好比在1m尺度距离，具有正常视力的人眼能够看到最小物体直径是0.291mm。套用到电子屏幕的适宜清晰度和尺度计算公式为：像素间距=视距×tan（分）=视距×tan0.0167°=视距×0.000291。可以简化为：视距×2.91/10000（图1-21）。

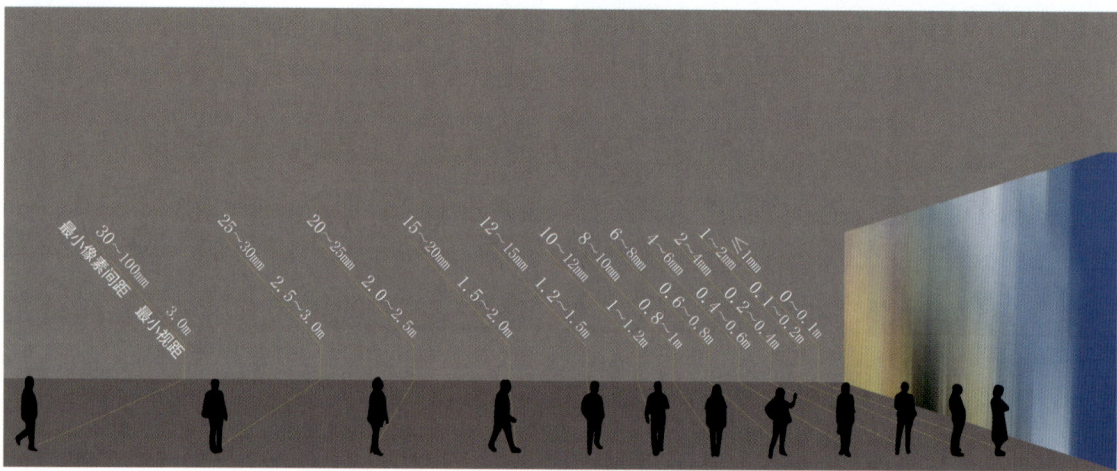

图1-21　电子屏幕像素间距与最小视距适配比（参考《光与健康》，郝洛西、曹亦潇著）

1.2.2.5　射线的分类和光线的传播

（1）射线的分类。目前所知，真空中光速是宇宙中最快的速度，约为299792458.00m/s。光在真空中传播最快，空气中次之，透明液体、固体中最慢。由于发光体的不同，人肉眼可视情况下，光向各个方向发射。在几何学中，可以把光看作直线传播，称为光线。这样针孔成像、月食、日食、坐井观天、一叶障目等现象就容易解释了，尤其针孔成像实验早在《墨经》中就有记载。

光线在空间里的视线、反射、折射关系，是进行照明设计时重要的空间分析要素。光线在均匀透明介质中传播的规律遵循直线传播定律，即光线在均匀透明介质中按直线传播。光线在两种均匀介质分界面上的传播规律遵循反射定律和折射定律。光线在不均匀介质中传播时，可以看作是连续的传播。

在照明设计中，反射与透射、漫射运用得比较多。当光线到达一个不透明且表面相对反射率较高的载体表面时，一部分光线被反射，一部分光线被吸收。光线的反射比与载体表面的反射特性相关。反射光与入射光之比称为物体表面的反射比，根据反射比的程度可分为规则反射、扩散反射、漫反射和混合反射。在不改变单色成分的频率时，光线穿过介质的过程称为透射。射线的分类见表1-8和图1-22。

表 1-8　射线的分类

分类		含义	载体类型
反射	规则反射	也称为镜面反射，入射光、曲面的法线和反射光处于同一平面，入射角等于反射角，反射光线地集合，在镜面中形成被反射物体的像	镜面不透明玻璃、平静水面、高反射阳极氧化铝等
	扩散反射	当入射线照射到载体表面时，反射光线向不同方向照射，但是反射的方向总体上是向同一个方向形成光束团，这种反射称为扩散反射	粗糙铜镜
	漫反射	当入射线照射到载体表面时，反射光线向完全不同方向照射，没有总体一致方向，这种反射称为漫反射	粗糙的平整沙灰
	混合反射	混合以上几种反射方式的反射	—
透射	规则透射	光线透过透明介质且无漫反射发生，透过后可清晰地看到后面的载体，也称定向透射。	透明玻璃
	漫透射	光线透过半透明介质发生漫反射作用，造成光线的弥散过程称为漫透射	半透光磨砂亚克力等
	散透射	光线透过半透明介质且发生漫射作用，但透光光线有总体的透射方向，称为散透射	
折射	折射	射在被照射介质里的光线称为折射光。当光从一种介质斜射入另一种介质时，传播方向发生改变，从而使光线在不同介质的交界处发生偏折，这种现象叫光的折射	透明水

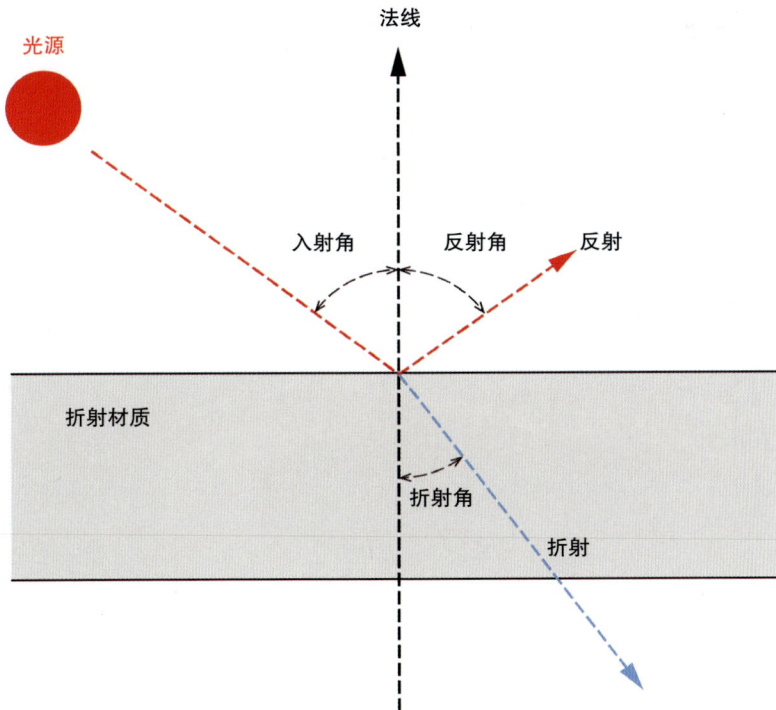

图 1-22　射线分类示意

（2）镜面反射。镜面反射表面非常光滑，具有高度的反射性，它的反射类似于镜子，入射角等于射出角或者反射角，而且方向相反，如镜子、抛光金属、抛光石材、水面等（图1-23）。

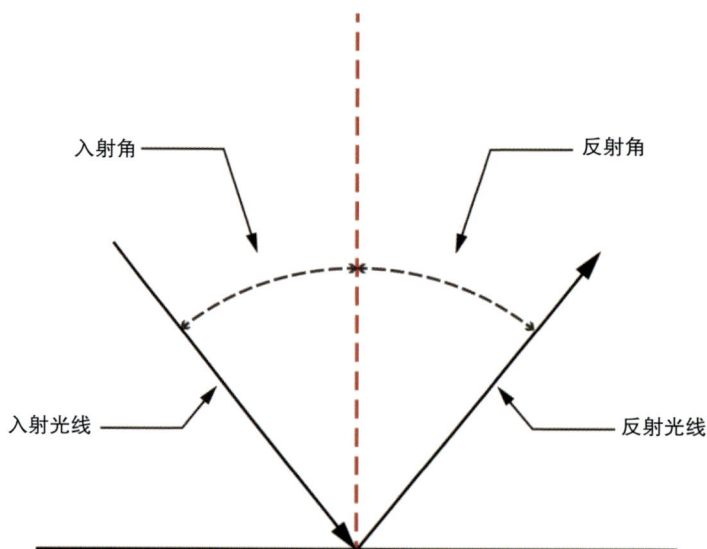

（a）反射原理

（b）反射性夜景实景

（c）反射性设计效果

图 1-23　镜面反射的原理及应用（北京清瑜同绘规划设计有限公司提供）

（3）光的漫反射。漫反射是我们生活中最为常见的，有数据表明生活中漫反射的比率为18%～20%。漫反射是指载体表面把光漫射（方向不固定）出去，光被反射到各个方向去。产生亚光或漫反射的材质包括平面涂料、铜版纸、未经处理或者砂面的木材和未打磨抛光的石材。没有材质是完美的反射器，光射在任何表面上，都会有一部分被吸收，被吸收的光的量取决于材质的表面特性和颜色（表1-9）。

表 1-9　各类型材料反射率情况

反射类型	材质	反射率/%
镜面	镜面处理光学涂层玻璃	80～99
	金属镀膜和光学涂层塑料	75～97
	阳极氧化涂层加工铝	75～95
	不锈钢	60～65
半镜面	加工铝	70～80
	瓷器、珐琅	65～90
	白玻璃	75～80
	拉丝铝	55～90
漫射	亚光白色涂料	75～90
	石灰岩	—
	吸声天花板	—

在我们的生活中，以漫反射为主。漫反射是投射在粗糙表面上的光向各个方向反射的现象。当一束平行的入射光线射到粗糙的表面时，表面会把光线向着四面八方反射，所以入射光线虽然互相平行，但由于各点的法线方向不一致，因此造成反射光线向不同的方向无规则地反射，这种反射称为漫反射或漫射。

在照明设计中，光线主要是照射在具有漫反射性质的载体上，这样才能站在最佳观赏点的角度观赏灯光。如果被照射的载体是镜面，则灯光就反射到另外的角度；如果是透光载体如透明玻璃，则灯光穿透玻璃，进入内部，人无法观察载体；如果是黑色被照面载体，则黑色吸光，很难被照亮。根据不同的设计意图，当然也可以巧妙利用，例如照射在水面，通过水面再反射到需要设计的灯光的载体上，也是一种非常美妙的光影（图1-24）。

（a）综合楼咖啡厅　　　　　　　　　（b）综合楼套房

图 1-24　北京宁夏大厦室内实景

（4）光的折射。折射是一种奇特现象，是指光线在不同密度的透明材质（透明度及密度是关键因素）之间传播时，发生的光线弯折现象。如把筷子放进清澈的水里，侧面观察发现筷子好像折弯了一样；夏天在清澈的小河边所看到河里的鱼的位置与真实位置是不同的。在照明设计中，为了精确地使用光的折射原理，我们常会在LED光源外侧安装合适的凹凸透镜，这样光线经过透镜的聚光或者散光作用，可以控制灯光的照射角度（图1-25）。

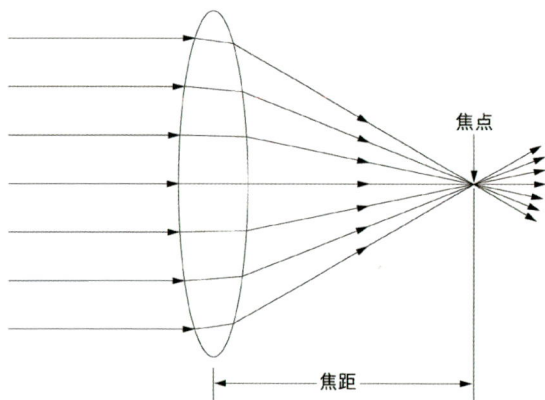

（a）折射原理

（b）透镜

图 1-25   光的折射

（5）光的透射。透射指的是光穿过一种材质的现象，"透射率"用于表达光穿越材质的比例。材质可以用以下几种透射类型来描述。

①透明：几乎所有光都穿透材质，物体清晰可见，如透明玻璃。

②半透明：有光穿透，但是材质散射了一些光，模糊了透过材质看到的物体，如磨砂塑料或者酸蚀毛玻璃。

③不透明：没有光穿透，如木材和金属。

一般物品的透射率见表1-10。

表 1-10   一般物品的透射率

物品	透射率/%
透明玻璃	80~99
腐蚀或喷砂玻璃	75~85
白玻璃	15~40
透明棱纹塑料透镜	70~95

1.3　色彩与照明

1.3.1　光源色、物体色和表观色

从严格意义上来讲，光源色表现在两个方面：一是光源本身的颜色；二是经过灯光的照射、吸收、反射或透射后的物体所呈现的颜色。

物体色又包含两个概念：一是物体在白天自然光照射下所显现的颜色，即固有色；二是物体在各种人工光源的照射下所显现的颜色，这是指它的表观色（图1-26）。

（a）激光光源色彩

（b）载体固有色　　　　　　　（c）灯光照射后表观色（一）　　　　　　（d）灯光照射后表观色（二）

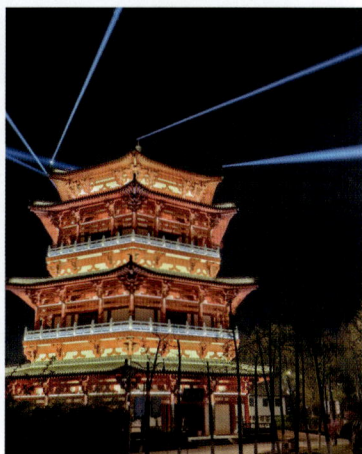

图 1-26　费县颜真卿公园鲁公阁夜景（北京清瑜同绘规划设计有限公司提供）

1.3.2　色彩属性与标定

1.3.2.1　色彩属性

（1）色相。色相是色彩的本质属性，用于描述颜色的"种类"或名称，例如红

色、蓝色、绿色等。它是人眼对光波长的直接感知，与颜色的饱和度、明度共同构成色彩模型。

（2）明度。明度是指色彩的明暗程度，如明暗程度两端极限是0~100，那么100的时候为纯白，0的时候为纯黑。

（3）彩度。彩度代表色彩鲜艳的程度，也就是色彩的纯度或饱和度。颜色越纯则纯度越高，视觉刺激亦越强，色彩纯度越低则越灰，直到变为纯黑色，如我们常见到的黑白照片或者黑白电视机。

1.3.2.2　色彩的标定

原色是指用来创造其他所有颜色的基本色之一或无法通过混合其他颜色来得到的一种颜色。颜料三原色是品红、黄、青，光的三原色是红、绿、蓝。图1-27是光的三原色与颜料三原色的区别。

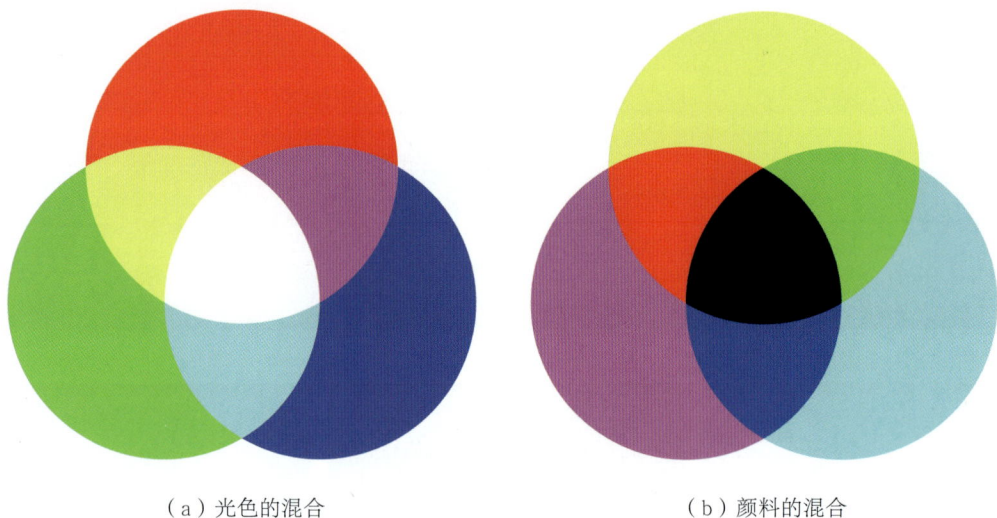

（a）光色的混合　　　　　　　　　　　　　（b）颜料的混合

图 1-27　光的三原色与颜料三原色的区别

1.3.2.3　光的色彩混合

（1）加色混合和减色混合。在加色混合中，我们把两种色彩加在一起来创造出第三种色彩。例如，可以通过混合蓝色光和绿色光来创造钴蓝色光，可以结合红色光和绿色光来创造黄色光。随着LED固态光源的发展，实现光的颜色的混合程度越来越高，在选择光源灯珠混合的时候常选择RGB三混灯珠或者RGB+W四混灯珠，最终输出的颜色是通过这几个颜色的灯珠混合出来的。混色越均匀越细腻，我们看到的色彩越精彩。混色的品质加上载体固有色，形成了不同的表观色（图1-28）。

如图1-29中（b）所示，CIE 1931是1931年由国际照明委员会（CIE）制定的，称CIE色品图。图中x坐标是红原色的比例，y坐标是绿原色的比例，图中弧线上的各点代表纯光谱色，此弧线称为光谱轨迹。图1-29的两个分图中，最白色位置相当于中午太阳光的颜色。在图1-29（b）中，太阳光的色度坐标通常位于普朗克轨迹上，接近于D_{65}标准光源的位置。D_{65}光源色温约为6500K，被认为是标准的"白光"参考点之一。

（a）混光白色

（b）混光钴蓝色

（c）混光蓝色

（d）混光绿色

图 1-28　线性洗墙灯调试（北京清瑜同绘规划设计有限公司提供）

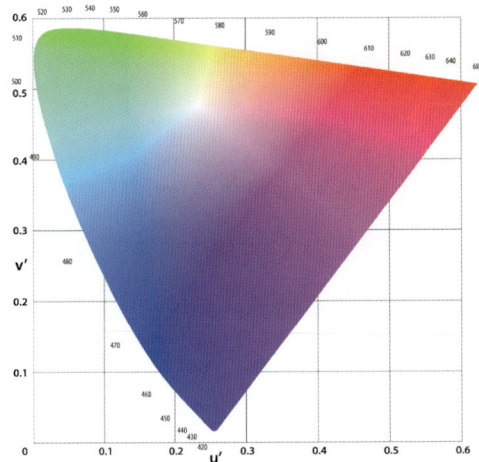
（a）CIE 1976

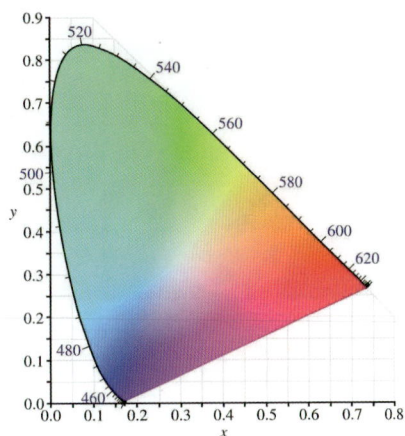
（b）CIE 1931

图 1-29　CIE 1976 与 CIE 1931 的色品图

CIE 1931是色彩科学的基石，适合直观展示色域和光源特性。CIE 1976是工业级色彩管理的核心，解决了色差均匀性问题，推动现代色彩技术的精准化。

实际应用中，两者常结合使用：用CIE 1931定义色域边界，用CIE 1976控制色差精度。CIE 1931属于早期色度系统的奠基，其核心概念是XYZ色彩空间和xyY色度图。

XYZ色彩空间是基于人眼对红（R）、绿（G）、蓝（B）三原色的感知实验，定义了与人类视觉匹配的虚拟三原色 X、Y、Z，形成线性色彩空间。

xyY色度图用x和y表示色度（颜色本身），Y表示亮度（明暗）。通过二维色度图（马蹄形曲线）可视化所有可见颜色范围。

CIE 1976是均匀色彩空间的改进，其核心内容为两个新色彩空间和色差公式概念。

两个新色彩空间是指：CIELAB（L*a*b*），基于对立色理论（明度L*，红绿a*轴，黄蓝b*轴）；CIELUV（L*u*v*），优化色度均匀性，适合光源和显示器色彩匹配。

（2）色域。色域是描述一个颜色系统（如显示器、打印机或摄影设备）能够再现或显示的颜色范围的技术指标。它是颜色空间中的一个子集，决定了设备能表达的色彩丰富度。

人眼可见色域 ≈ 自然界存在的所有颜色（由光的波长决定）。

设备色域如显示器、打印机等受技术限制，只能覆盖可见色域的一部分。

（3）色温。色温以热力学温度K（Kelvin，开尔文）为单位，是表示光线中包含颜色成分的一个计量单位。从理论上说，黑体温度指绝对黑体从绝对零度（-273.15℃）开始加温后所呈现的颜色。黑体在受热后，逐渐由黑变红、转黄、发白、最后发出蓝色光。黑体发出的光所含的光谱成分，就称为这一温度下的色温，计量单位为K。例如，当我们开始加热一个铁块（或者黑色煤球）时，它的颜色由黑转暗红，随着温度不断上升，铁块的颜色会慢慢地变成橘红色，然后变成黄色、白色，接着变成浅蓝色，最后随着温度的上升蓝色变得越来越深（图1-30）。

（a）煤块加热燃烧　　　　　　　　　　　　　　（b）木柴加热燃烧

图1-30　色温变化示意

当黑体被加热时，它在各个波长辐射的能量不完全相同，随着温度的上升，黑体所辐射的能量也增加。在可见光波段内最高的辐射能量从红色波段（波长较长、能量较低）逐步向蓝色波段（波长较短、能量较高）发生偏移（表1-11）。

表 1-11　常见物体的色温值

大致对应色彩方式	色温值/K	发光类型
	1000	烛光
	2000	钨丝灯泡
	2500	家用60W灯泡
	3200	泛光灯
	3300	石英灯
	3400	百货公司造型灯
	3500	暖色调荧光灯
	4500	白色冷光管
	4000	下午时分和煦阳光
	5000	闪光灯
	5500	中午阳光
	5600	日光
	6000	晴朗天空的阳光
	7000	少许阴天时
	8000	朦胧天色时
	9000	阴蓝
	10000	晴朗蓝天
	20000	在水域上空的晴朗蓝天

④相关色温。严格来说，色温这个概念只能用于描述白炽光源，因为黑体辐射体原理上是白炽灯光。然而，将其他光源发出的白光与黑体发出的光进行比较，由此得到最接近的色温，之后把这个数值定义为该光源的相关色温（CCT）。所有的非白炽光源，如荧光灯、HID、LED、OLED以及无极灯，都是使用CCT来描述的。

⑤显色性。显色性是指光源的光照射到物体上所产生的显色能力。与标准光的显色越是一致，显色性也就越高。显色性是衡量电光源视觉质量的指针。通常用显色指数（R_a）来表示光源的显色性。它表示物体在某一个光源照射下的颜色比基准光（太阳光）照明时候颜色的偏离程度。以标准光源为准，其显色指数$R_a=100$，其余光源的显色指数均低于100。R_a值越大，光源的显色性越好。

CIE将太阳光的显色指数定为100，并规定了15个测试颜色，用R_1～R_{15}分别表示这15个颜色的显示指数。当把一个光源与规定的参考光源进行比较时，指数值为100是最好的。试样的选择为1～8号为中彩度色，选择孟塞尔色标，如深红、深黄、深绿、深蓝等（明度为6）代表性的色调；9～12号是彩度较高的红色、黄色、绿色、蓝色；13号是欧美白人青年妇女的肤色；14号是叶绿色；15号是中国女性肤色（表1-12）。

表 1-12 $R_1 \sim R_{15}$ 对应的 15 个颜色（CIE）

显色指数	10	20	30	40	50	60	70	80	90	100
R_1:97										
R_2:97										
R_3:98										
R_4:94										
R_5:96										
R_6:95										
R_7:93										
R_8:94										
R_9:98										
R_{10}:95										
R_{11}:97										
R_{12}:77										
R_{13}:97										
R_{14}:99										
R_{15}:96										

光源的显色性是通过与同色温的参考光源或基准光源下物体外观颜色的比较而确定的。不同的光源由于携带的光谱不同，所以显色性差很多。光谱组成较广的光源一般有可能提供较佳的显色品质（表1-13）。

表 1-13 常见光源的显色指数

照明光源	相关色温/K	一般显色指数R_a	分类
日光（D_{65}）	6500	100	优
卤钨灯	3000	95	
氙气灯	5290	93	
三带型荧光灯	4000	85	
冷白型荧光灯	4200	58	一般
暖白型荧光灯	3000	51	
高压汞灯	5500	35	劣
高压钠灯	2000	25	

当光源中缺少或者很少在基准光源下所反射的某种波长的成分时，会使得颜色产生明显的色差。在实际生活中并不是所有地方都需要高显色性的要求，例如实验室就可能要求高显色性，染色工坊也需要高显色性（表1-14）。

表 1-14　不同场合对光源显色性的要求

显色指数（CRI）	等级	显色性评价及适用要求	应用场合举例
90～100	1A	优良；需要色彩精确对比的场所	颜色匹配、颜色检验、美术馆、博物馆
80～89	1B	需要色彩正确判断的场所	印刷、油漆、纤维及精密作业的工厂；住宅、旅馆、饭店
60～79	2	普通；需要中等显色性的场所	机电装配、表面处理、控制室等一般作业的工厂；办公室、学习室允许使用
40～59	3	对显色性要求较低的场所	机械加工、热处理、铸造等重工业工厂和室外街道
20～39	4	较差；对显色性无具体要求的场所	仓库、搭建金属库、室外道路

我们只要在生活中稍微仔细观察，就可以感受到不同光源显色性的差别，如把一盘多色的水果蔬菜放在太阳光下、LED灯下，视觉上可以明显看到不同的色彩感觉（图1-31）。

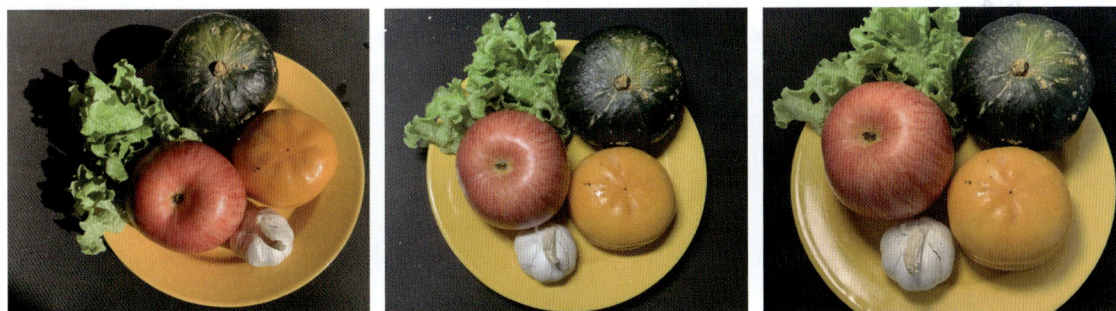

（a）中午太阳光下　　　　　　（b）LED 5500K色温下　　　　　　（c）LED 3000K色温下

图 1-31　不同光源下物体显色性（北京清瑜同绘规划设计有限公司提供）

1.3.2.4　显色性指数的运用

《中小学校教室采光和照明卫生标准》中指出：教室照明光源的R_a不宜小于80。过低的显色性，会影响学生对物体色彩的识别，持续时间过长，还可能造成辨别色彩能力下降和衰退，形成色盲、色弱等严重的视力问题和眼部疾病。

2023年12月1日，国家市场监督管理总局发布《食用农产品市场销售质量安全监督管理办法》。该文件明确对销售场所照明等设施的设置和使用提出要求：销售生鲜食用农产品，不得使用对食用农产品的真实色泽等感官性状造成明显改变的照明（即通常所说的"生鲜灯"）等设施，误导消费者对商品的感官认知。"生鲜灯"会在显色性及对生鲜的光色还原上产生副作用，使得生鲜等物品显示不真实。

1.3.2.5 灯光色彩与人相关关系

灯光色彩与人的心理、生理及情绪之间有着密切的关联，这种关系源于人类对光的生物进化适应性、文化经验积累以及个体感知差异。进行照明设计需超越单纯的功能性，成为连接人类感知与空间体验的媒介。需要通过科学利用色彩心理学、生理学规律、美学，结合智能化技术，可以创造更健康、舒适且富有情感共鸣的光环境。以下从两个维度简要介绍。

（1）灯光色彩与年龄特征组合关系。灯光色彩的选择与年龄密切相关，不同年龄段人群因生理特征、心理需求及生活场景差异，对光色的感知、偏好及适应性存在显著不同。以下是具体分析及设计启发。

①儿童（0~12岁）

a.生理特征：视觉系统发育中，晶状体透光率高，对强光敏感；视网膜对高饱和色彩（如红、黄、蓝）反应强烈，但对低对比度细节识别较弱。

b.心理与行为：偏好鲜艳、动态的色彩，易被多彩环境吸引；活跃度高，需安全且富有想象力的空间。

c.照明设计启发

ⓐ色彩选择：使用高饱和度、高对比度的主色调（如明黄、天蓝），激发创造力与探索欲；避免刺眼冷白光（如5000K以上），防止视觉疲劳。

ⓑ互动设计：添加可调节色彩的游戏灯（如投影星空、彩虹灯带），增强趣味性；自闭症儿童空间需降低色彩复杂度，采用柔和的粉橙或浅绿色。

ⓒ安全设计：夜间使用低色温（<3000K）夜灯（如琥珀色），避免干扰睡眠节律；避免闪烁光源，减少视觉刺激过度。

ⓓ应用场景：幼儿园活动区、儿童房、游乐场。

②青少年（13~25岁）

a.生理特征：视觉敏锐度高，色彩分辨力强；昼夜节律敏感，蓝光易抑制褪黑素分泌，影响睡眠。

b.心理与行为：追求个性化与科技感，偏好动态、多变的灯光效果；学习压力大，需兼顾专注与放松的照明环境。

c.照明设计启发

ⓐ功能分区：学习区使用中性色温（4000K）+高明度，提升专注力（如白色LED台灯）；休闲区采用RGB可变色灯带（如蓝紫色），营造电竞或社交氛围。

ⓑ健康保护：夜间减少电子屏幕蓝光，搭配暖色调环境光（2700K），缓解视疲劳；智能灯具设置"学习模式"与"休息模式"，自动切换色温与亮度。

d.应用场景：学生宿舍、书房、青年公寓。

③成年人（26~60岁）

a.生理特征：视力逐渐衰退，尤其是对短波长（蓝光）敏感度降低；工作压力大，需通过光环境调节情绪与效率。

b.心理与行为：追求功能性与美学平衡，偏好自然、舒适的灯光；需适应多任务场景（办公、社交、休息）。

c.照明设计启发

ⓐ办公照明：高色温（5000K）+ 高明度提升效率，但需搭配局部暖光（如桌面台灯）减少冰冷感；会议室使用中性白光（4000K），保持专业性与清醒度。

ⓑ家居照明：客厅采用可调色温主灯（2700～5000K），适配观影、聚会等场景；卧室以低色温（<3000K）+ 低明度为主，辅助深红色夜灯促进睡眠。

ⓒ商业空间：零售店用暖光（3000K）突出商品质感，珠宝区可加入少量冷光（4500K）增强璀璨感。

d.应用场景：办公室、住宅、商场、餐厅。

④老年人（60岁以上）

a.生理特征：晶状体变黄，蓝光透光率下降（70岁仅为20岁的1/3），对蓝紫色辨识困难；瞳孔缩小，需更高亮度（约为年轻人的3倍）及对比度。

b.心理与行为：偏好稳定、安全的照明环境，厌恶刺眼或复杂光效；需辅助照明弥补视力衰退，降低跌倒风险。

c.照明设计启发

ⓐ亮度控制：整体照度提升至300～500lx，避免阴影盲区；夜间通道采用感应式地脚灯（琥珀色），减少眩光干扰。

ⓑ简化操作：使用大按钮、高对比度标识的调光开关，避免复杂RGB控制；智能系统自动调节昼夜模式（白天高色温提神，夜晚低色温助眠）。

d.应用场景：养老院、老年住宅、医院病房。

⑤跨年龄通用设计原则

a.动态适应性：智能照明系统根据使用者年龄自动调节色温、明度及色彩组合（如儿童模式和老年模式）。

b.自然光模拟：全年龄段均受益于类自然光谱（如全光谱LED），减少人工光导致的色彩失真。

c.安全底线：所有年龄场景均需避免频闪、紫外线泄漏及过热光源。

⑥总结。应以年龄为轴，结合生理衰退曲线与心理需求变化进行灯光色彩设计。

儿童：鲜艳活泼 + 安全防护。

青少年：个性表达 + 健康节律。

成年人：功能效率 + 情绪平衡。

老年人：补偿视力 + 简化交互。

通过科学分龄设计，灯光不仅能满足基础照明需求，更能成为提升生活质量、传递人文关怀的重要媒介。

（2）灯光色温与亮度组合环境氛围。在照明设计中，色温（光源的冷暖属性）和明度（光的亮度）的组合直接影响空间氛围与人的心理感受。以下是不同组合的环境特征、对人的影响及设计启发（图1-32）。

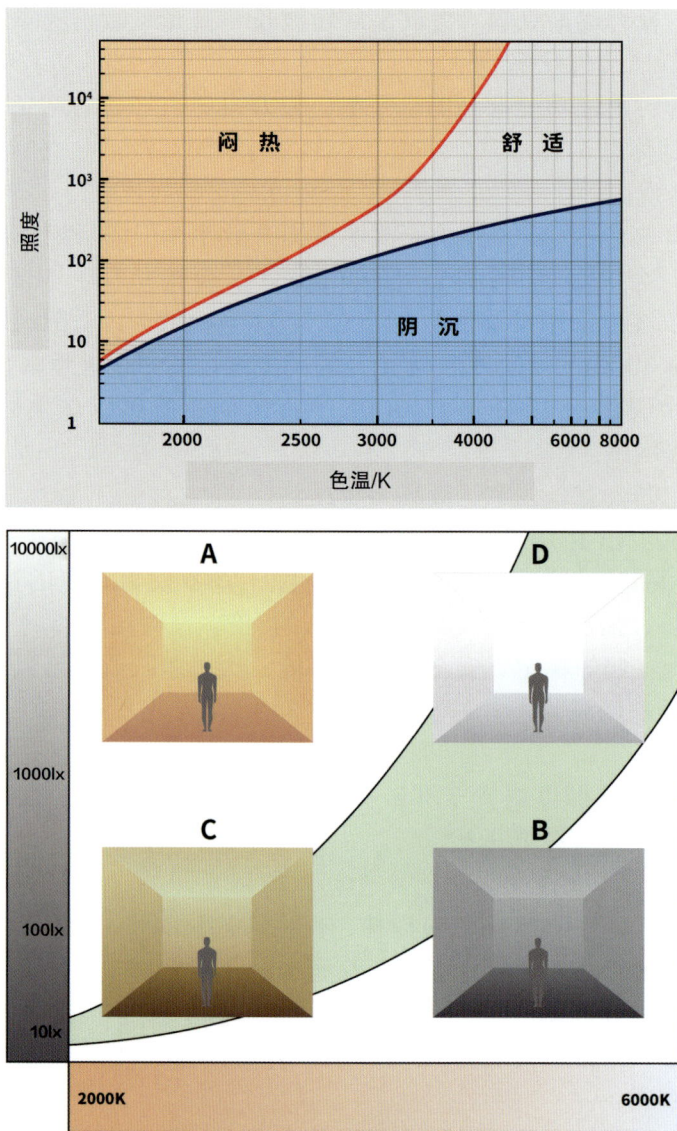

图 1-32　照度与色温组合关系

①高亮度与低色温组合环境

a.环境氛围：暖黄光（2700～3000K）+ 高亮度，呈现温暖而明亮的氛围，类似秋日午后阳光。

b.人的感受

ⓐ生理：促进放松与社交欲望，但过高的亮度可能削弱暖光的舒适感。

ⓑ心理：热情、活跃中带有安定感，适合社交与互动场景。

c.设计启发

ⓐ适用场景：餐厅、咖啡厅、商场中庭、家庭客厅。

ⓑ注意事项：避免大面积高亮度暖光导致视觉疲劳；可采用间接照明（如灯带）柔和化光线。

②高亮度与高色温组合环境

a.环境氛围：冷白光（5000K以上）+ 高亮度，营造出明亮、冷静、理性的氛围，类似正午阳光或手术室光线。

b.人的感受

ⓐ生理：提高警觉性、专注力，抑制褪黑素分泌，可能延长清醒时间。

ⓑ心理：带来高效、严谨、疏离感，甚至可能引发紧张或疲劳（长时间暴露）。

c.设计启发

ⓐ适用场景：办公室、医院、实验室、工业车间等需高度集中注意力的场所。

ⓑ注意事项：需搭配局部遮光或动态调光，避免眩光；避免夜间长时间使用以防生物钟紊乱。

③低亮度与低色温组合环境

a.环境氛围：暖黄光（<3000K）+ 低亮度，营造私密、温馨、慵懒的氛围，如烛光或壁炉旁

b.人的感受：

ⓐ生理：促进褪黑素分泌，降低心率，帮助身心放松。

ⓑ心理：安全感与归属感强烈，适合深度休息或亲密交流。

c.设计启发

ⓐ适用场景：卧室、会所、酒吧、高端酒店客房。

ⓑ注意事项：需确保基础功能性照明（如床头阅读灯），避免安全隐患；可搭配香氛增强沉浸体验。

④低亮度与高色温组合环境。

a.环境氛围：冷白光（4000~5000K）+ 低亮度，形成朦胧、清冷的氛围，如月光下的夜景。

b.人的感受

ⓐ生理：瞳孔扩大以适应低亮度，可能轻微提升警觉性但不如高明度显著。

ⓑ心理：冷静中带神秘感，可能引发孤独或疏离情绪，适合短暂停留的场景。

c.设计启发

ⓐ适用场景：美术馆展陈、科技感展厅、走廊夜灯、极简主义空间。

ⓑ注意事项：需控制冷色调占比，避免压抑感；可搭配暖色点缀（如展品补光）平衡氛围。

色温与明度的组合是照明设计的"情绪画笔"，需科学平衡功能需求、人体工学与文化偏好。通过灵活调控，既能塑造空间性格，也能潜移默化地影响人的行为与情感，最终实现"光与人的共生"。

第 2 章

光源与灯具

2.1　光源的种类与选择

2.1.1　光源分类

光源，顾名思义就是光的发出源头，就是自身能够发光的物体。曾经太阳光是这个地球上最主要的光源，一切的能量都来自太阳。那么有人质疑了，月亮不也是在天上亮着吗，月亮是光源吗？月亮属于吸收太阳的光而反射到地球，所以月亮自己不发光，不是光源。

光源可以分为自然光源和人造光源。我们身边的自然光源，主要有太阳光、火光、雷电、极光、萤火虫光、煤油灯光等。随着科技的发展，人类摆脱了天然光和火光源的依赖，进入电气照明时代。电光源按照发光类型，可以分为热辐射光源、气体放电灯光源和固态光源三大类。三类光源在光效、显色指数、寿命和色温、动态方面差别比较大（表2-1）。

表 2-1　三类光源典型参数

电光源分类		光效 /（lm/W）	颜色或色温/K	显色指数（R_a）	平均寿命/h
热辐射光源：19世纪末	白炽灯	15	2500～3000	100	1000
	卤钨灯	25	2900	100	2000
气体放电光源	辉光放电　霓虹灯	—	红、黄、蓝、绿、紫	—	20000～30000
	低气压灯　荧光灯	60～105	3000、4000、6500、8000	70～95	8000～20000
	低压钠灯	100～200	1700	23	16000
	高气压灯　高压汞灯	50	3400～4200	46～54	20000
	高压钠灯	80～150	2000	25～60	16000～32000
	金属卤化物灯	70～110	2900～5900	60～95	6000～20000
	氙气灯	20～37	4000～6000	90～94	500～1000
固态光源：20世纪60年代至今	场致发光灯（EL）	10～14	多种色温	90	25000
	LED冷白光	80～140	多种色温	75～90	50000
	OLED	46	多种色温	90	50000

2.1.1.1 热辐射光源

（1）白炽灯。白炽灯（incandescent lamp）是将灯丝通电加热到白炽状态，利用热辐射发出可见光的电光源。白炽灯主要由玻璃泡壳、灯丝、灯头和内充气体组成。1879年白炽灯由美国发明家托马斯·阿尔瓦·爱迪生发明。其制成碳化纤维（即碳丝）白炽灯以来，经人们对灯丝材料、灯丝结构、充填气体的不断改进，白炽灯的发光效率也相应提高。1959年，美国通用电气公司在白炽灯的基础上发明了体积和光衰极小的卤钨灯。白炽灯的光色和集光性能很好，但是因为光效低，已逐步退出生产和销售环节。

白炽灯色温偏暖色，色温在2500～3000K之间，寿命较短，为150～200h，其可见光谱饱满，所以显色指数接近太阳，约等于100（表2-2）。

表2-2　白炽灯典型参数

光源类型	功率/W	光通量/lm	光效/（lm/W）
白炽灯光源	100	1750	17.5
	75	1220	16.3
	60	890	14.8

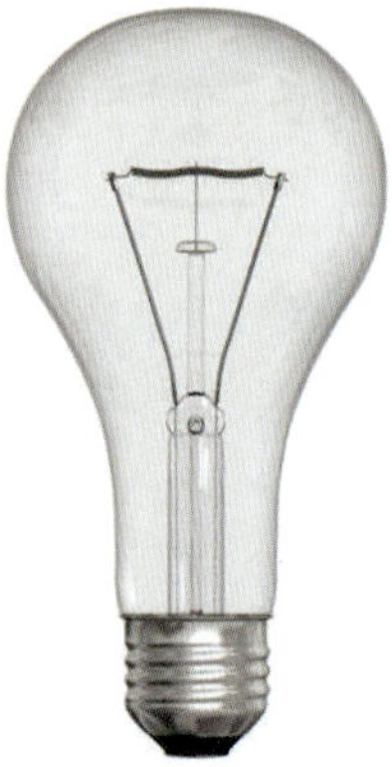

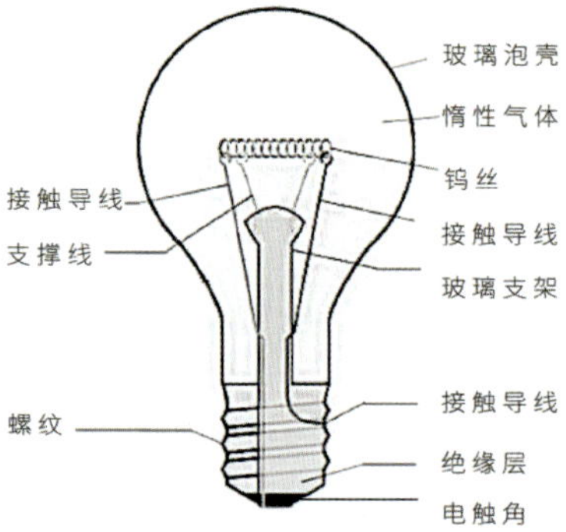

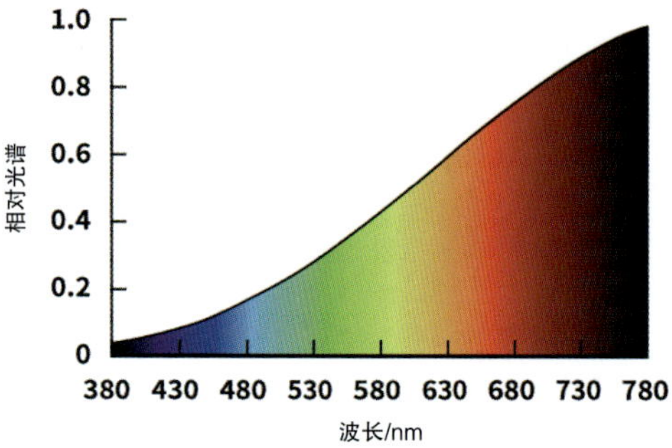

优点：光谱连续，显色性好，结构简单，廉价，可调光，无频闪，能瞬间点燃，点灭对寿命影响小

缺点：光效低，寿命短，表面温度高，寿命与光效受电压影响较大

白炽灯开启前，灯丝是冷的，电阻较小。在开灯的瞬间，灯丝电流加大，约为正常发光时电流的10倍。在开启瞬间，发热功率是正常发光时的功率多倍。因为瞬间电流的加大，就有可能使得灯丝温度变高甚至高过熔点，随着次数的增加，灯泡就容易损坏，所以其寿命比固态发光的LED要短很多。

白炽灯灯头可分为卡口灯头（B）、螺口灯头（E）和预聚焦灯头（P）三大类（表2-3）。

表 2-3　白炽灯常用灯头

序号	灯泡类型	常用接口方式
1	E5/8螺口指示灯泡	
2	E10/13螺口仪表灯泡	
3	E14/E27螺口装饰灯泡、普通灯泡	
4	B22d卡口普通灯泡	
5	BA15S卡口仪表灯泡、装饰灯泡	
6	BA9S卡口指示灯泡	
7	P36S预聚焦仪器灯泡	
8	P28S预聚焦仪器灯泡	
9	P45预聚焦仪器灯泡	

螺口　　　　　　卡口

普通的白炽灯多是360°发光，没有反射灯杯或者透镜，光线角度难以约束，灯具效率适用较低。人们发明了反射型白炽灯，反射型白炽灯特点是：①提高了光效效率；②安装方便，无须灯具反射器光束集中，光束角5°～60°；③寿命提高到1500h。主要类型有吹制玻璃壳，可以磨砂涂粉或者透明压制玻璃壳，可以把前透镜与反射镜焊接到一起，光线更集中，可以变色、更改方向、调整配光曲线。典型的这种反射型白炽灯有玻璃反射灯。

玻璃反射灯（PAR灯），又称帕灯，是灯泡的一种形状，P代表抛物面，A代表铝制，R代表反射，指将金卤灯封装到反光杯中。光束角度宽窄多种，光斑大小不能调整。作为射灯型灯，在商业展示和广告方面应用广泛，是最为实用和普及的射灯之一，另外还有石英杯灯、R反射灯等。PAR灯按大小分为PAR20、PAR30、PAR36、PAR38、PAR46、PAR56、PAR64等几种尺寸。PAR后面跟着的数字是灯泡的直径，以1/8in（1in=2.54cm，下同）单位，PAR56就是56×1/8=7in的直径。PAR灯具类型及说明见表2-4。

表 2-4　PAR 灯具类型及说明

类型	说　明
聚光灯	在舞台上用的聚光灯是指灯前面使用平凸聚光镜而言的，这种灯具可以调节光斑大小，出来的光束比较集中，旁边漫射的光线比较小，功率有0.5W～5kW多种，焦距有长、中、短之分，视射距的远近按需要加以选用
螺纹灯	或称柔光灯，但在电视界称此种灯为聚光灯。区别上述平凸聚光灯的特性，其光线散而柔和，因此用起来漫射区域大。有时为了控制其漫射光线，在镜前加上遮光罩或柔光片来遮挡，其特点就是光区面积大，不似聚光灯有明显光斑的感觉，射距较近，功率有1kW、2kW等多种
回光灯	此种灯前面无镜片，光线完全靠后面较大的反射镜射出，用同样2kW的灯泡，其亮度较聚光灯要亮，故在舞台上要表现强烈光源和亮度时使用。其效果较其他灯具为佳，特点是光束强烈，但调光时要注意其聚焦点，不宜将聚焦点调在色纸上或幕布上，否则容易引起燃烧。另外在调光时中心常出现黑心，为了避免黑心，可在灯前端中心加一个环状挡板，其射出的光斑大而不易收拢。现有一种灯，在反光碗上镀膜使光线向后透射，以降低灯前面的温度，使用效果很好，称为冷光超级聚光灯，实际该灯的结构与回光灯相同
成像灯	或称成型灯、椭球聚光灯。其光束角有多种，可以根据需要选择应用，主要特性是如幻灯似的能将光斑切割成方形、菱形、三角形等各种形状，或投射出所需各种图案花纹，功率也有1kW、2kW等可选择配置
筒灯	亦称PAR灯或光束灯，其构造是在圆筒内安装镜面灯泡，也用反光碗装溴钨灯泡的，主要特性是射出较固定的光束，光束角度宽窄多种，光斑大小不能调整
天排灯	大功率的散光灯，用于由上向下照射天幕用，要求光亮而均衡，照射面积大
地排灯	大功率的散光灯，用于放在舞台面上，天幕下部朝上照射，与天幕灯照射的光相接，上下均匀
散光条灯	长条形，分成多格，一般能分成三种或四种颜色，每格用白炽灯泡功率在200W左右，要求各种颜色自相均匀，进行大面积照射幕布或画幕使用，也可作为大面积均衡铺光之用，各种颜色光还可以同时使用，调出不同的彩色光束
一般散光灯	如碘钨灯以及普通泛光灯，主要是均匀地照亮某一区域，或一些布景之用

（2）卤钨灯。卤钨灯（halogen lamp）是填充含有部分卤族元素或卤化物的充气白炽灯。在普通白炽灯中，灯丝的高温造成钨的蒸发，蒸发的钨沉淀在玻璃壳上，产生灯泡玻璃壳发黑的现象。与白炽灯相比，卤钨灯具有体积小、寿命长、光效高、光色好和光输出稳定的特点（表2-5、表2-6）。

表 2-5　卤钨灯主要参数

参数	数值
显色指数（R_a）	95~100
色温/K	2800~3200
发光效率/（lm/W）	15~35

表 2-6　卤钨灯类别及功率参数

光源	适用场合
低压照明光源	安全电压，6~36V；JZ6~10至JZ36~100
舞台专用光源	500W、650W、1000W；JZ220，300~1000W；SY220，2000~3000W
影视专用光源	双端500~3000W（3200K）；单端650~1000W（3200K）
	双端650~1000W（3400K）；单端650~1000W（3400K）

2.1.1.2　气体放电光源

气体放电灯是由气体、金属蒸气或几种气体与金属蒸气的混合放电而发光的灯，是通过气体放电将电能转换为光的一种电光源。气体放电灯按发光方式可分为弧光放电和辉光放电两种，按照放电电压不同可分为低气压、高气压和超高气压三种：低气压放电灯如荧光灯（低压汞灯）、低压钠灯、无极灯；高强度气体放电灯如荧光高压汞灯、高压钠灯、金属卤化物灯、陶瓷金属卤化物灯、激光灯；超高压氙灯又称短弧氙灯。金属卤化物灯是在高压汞灯和卤钨灯工作原理的基础上发展起来的新型高效光源，基本原理是将多种金属卤化物加入高压汞灯的电弧管中，使这些金属原子像汞一样发光。

（1）荧光灯。荧光灯（fluorescent lamp）属于一种低压汞蒸气放电灯，在其玻璃管内涂有荧光材料，将放电过程中的紫外线辐射转化为可见光，该类灯是应用最广泛、用量最大的气体放电光源。荧光灯的发光效率是白炽灯的4~5倍，寿命是白炽灯的3~8倍，属于高效节能光源和线性光源。荧光灯色温从暖白光（2700K）到冷白光（6500K），光效可达70~104lm/W。显色性有多种选择：显色指数51~98。如果采用普通镇流器，平均寿命可达12000h；如果采用电子镇流器，平均寿命可达16000h。荧光灯分类标识，一般第一个字母F表示荧光灯，弯管用B表示，环形用C表示，T表示直管型荧光灯（表2-7）。管径是用标示尺寸除以8，用in表示。

表 2-7　荧光灯光效

光源类型	功率/W	光输出/lm	光效/（lm/W）
T5线性	35	3650	104.3
T8线性	32	2850	89.1
T12弯管	40	2800	70

荧光灯样式	荧光灯结构

荧光灯的优点是：连续光谱基础上+峰值线状谱，显色性较好，光效高、寿命长、色温可选。

荧光灯的缺点是：灯管内含汞，污染大，荧光灯管易破碎、不易回收，回收价值低，有频闪，对眼睛的伤害大，含紫外线和红外线辐射。

紧凑型荧光灯是使用细玻璃管（10～16mm）弯曲成非常紧凑的形状，俗称节能灯。紧凑型荧光灯的显色指数都普遍较高，在82左右。色温有2700K、3000K、3500K、4100K和5000K等几种（表2-6）。

（2）无极灯。无极灯即无极荧光灯，是气体放射电时，通过电磁感应而产生光的。当电流经过感应线圈产生电磁时，电磁激发汞蒸气，引起紫外辐射，反过来激发玻璃壳内的磷层，致使发光。该灯可低温启动，可立即启动和再启动，启动时间小于0.5s，不受频繁开关限制，不会有普通的带电极放电等造成明显的光衰退现象，瞬间启动后需要等一段时间才能达到理想光通量。色温2700～4100K，显色指数在80以上，具有超长的寿命（80000～100000h）。这类光源的光效较好，可达47～76lm/W。与传统光源相比，无极荧光灯因其没有明显的电极而得名。无极灯取消了对传统荧光灯的灯丝和电极，利用电磁耦合的原理，使汞原子从原始状态激发成激发态，其发光原理和传统荧光灯相似，有寿命长、光效高、显色性好等优点。

无极灯由高频发生器、耦合器和灯泡三部分组成。它是通过高频发生器的电磁场以感应的方式耦合到灯内，使灯泡内的气体电离，形成等离子体。等离子受激，原子返回基态时辐射出紫外线，灯泡内壁的荧光粉受到紫外线激发产生可见光（图2-1）。无极灯根据内部激发等离子体发光的电磁场工作频率不同，分为高频无极灯和低频无极灯。

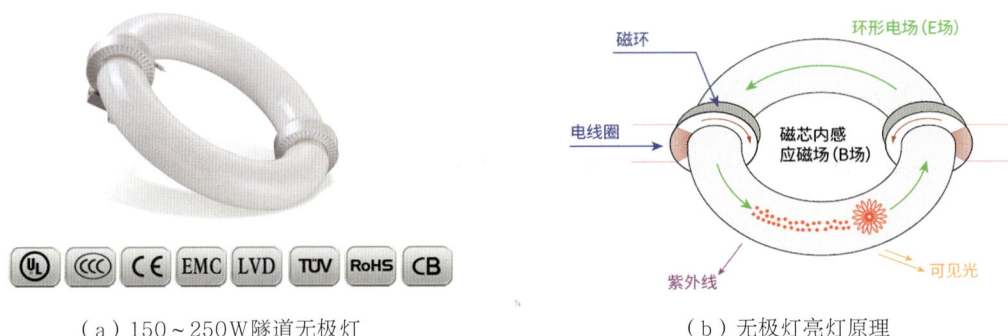

（a）150～250W隧道无极灯　　　　　　　（b）无极灯亮灯原理

图 2-1　无极灯样式及原理

高频无极灯体积小，外形变化多样，可配灯具多，同等功率下光效更高，灯泡内高速运动的粒子流形成了一个屏蔽罩，杜绝电磁辐射。受灯泡体积的限制，功率只能做到200W。

低频无极灯由于耦合器外置、灯管体积大，所以散热效果非常好，功率做得较大。但可配灯具也非常少，有流明损耗。

基于无极灯寿命长、节能效果显著、安全性高、绿色环保等特点，因此适用于工厂车间、学校教室、图书馆、火车站、危险地域等，特别适用于高危和换灯困难且维护费用昂贵的重要场所。

（3）低压钠灯。低压钠灯是利用低压钠蒸气放电发光的电光源，在它的玻璃外壳内涂以红外线反射膜，是光衰较小和发光效率非常高的电光源。低压钠灯发出的是单色黄光（589nm的黄色谱线），光效可以达到140～200lm/W，是替代高压汞灯节约用电的一种高效产品。其"透雾性"极佳，光色柔和，眩光小，特别适合于公路、隧道、港口、公园、庭院照明，能使人清晰地看到色差比较小的物体，但不宜于安装在繁华的市区街道和室内照明。

（4）高压钠灯。高压钠灯是一种高压钠蒸气放电灯泡，采用抗钠腐蚀的半透明多晶氧化铝陶瓷制成，发出金黄光。光效可以达到120～140lm/W，具有寿命长、穿透性强等优点。广泛用于道路、机场、码头等大空间、不需要显色性的区域。显色指数一般为20左右，而中高显色（$R_a \geq 60$）和高显色（$R_a \geq 80$）的产品，其光效相应比较低。高压钠灯经过改良之后，有标准型、显色性改进型、白色钠灯，其参数之间有很大区别（表2-8）。

表 2-8　高压钠灯改进品种

光源	显色性	适用环境	色温/K	颜色外观	光效/（lm/W）
标准型	20～30	无显色性要求区域，如国道	1900	橘黄色如蜡烛光	64～140
显色性改进型	65～70	显色性要求一般区域，如机场	2200	橘黄色如蜡烛光	54～94
白色钠灯	85	公园开放空间	2700	暖白光	50～52

标准型高压钠灯显色指数通常只有20～30，色温为1900～2100K。如果弧形管内的钠气体压力增大，显色性会提高，光色也会变得白一些，但会使寿命和光效降低（图2-2）。

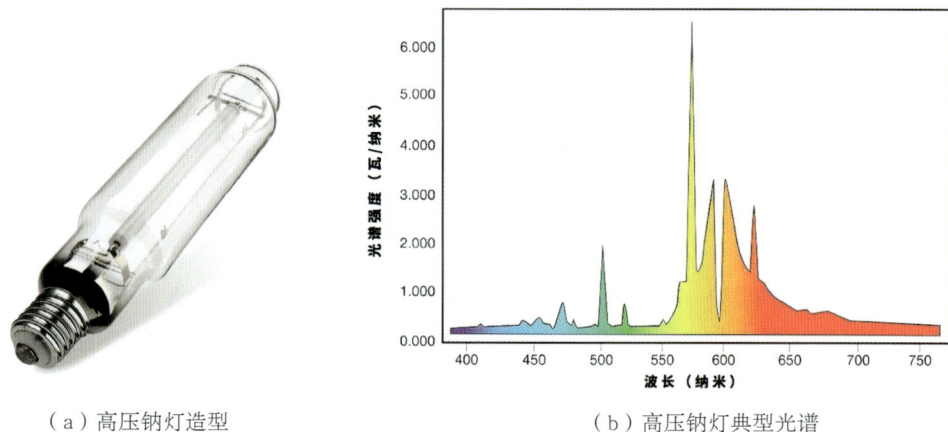

（a）高压钠灯造型　　　　　　　　　　（b）高压钠灯典型光谱

图2-2　高压钠灯样式及典型光谱

（5）汞灯。汞灯是20世纪发展最早的气体放电灯。它由带有荧光涂层的椭圆形充气玻璃泡壳与充有汞蒸气的石英放电管组成，属高压汞蒸气放电灯。它的特点是光效不高（37～561m/W）、寿命长，有效寿命为8000～10000h。汞灯的主要辐射光谱在紫外光、蓝光、绿光、黄光区域，导致了此光源较差的显色性能，呈现的颜色外观为冷蓝白色光。

（6）金属卤化物灯。该灯是气体放电灯中最广泛适用的产品，是和稀有金属的卤化物混合蒸气中产生电弧放电发光的。色温为3000K左右到超过20000K，其显色指数一般可以达到70～95，寿命为5000～20000h，光效比较高，为65～140lm/W。金属卤化物灯可分为紧凑型、陶瓷型和大中功率型。该灯需要启动时间，4～6min才能达到正常的光通量。目前在高强度气体放电光源中，该灯的显色特性最好，不足之处是一致性和稳定性较差（图2-3）。

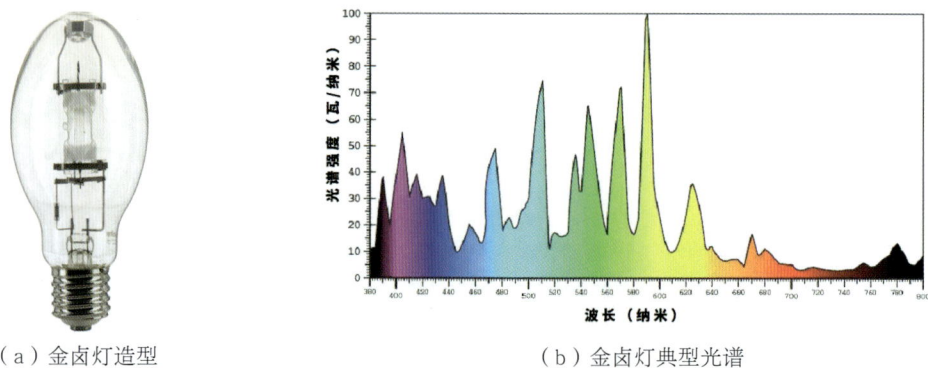

（a）金卤灯造型　　　　　　　　　　（b）金卤灯典型光谱

图2-3　金属卤化物灯造型及典型光谱

金属卤化灯的优点是：光效高、显色性好、寿命长。

金属卤化灯的缺点是：启动困难、启动电压较高，启动到稳定时间长，色温漂移严重。

（7）激光灯。激光的英文为laser，是light amplification by stimulated emission of radiation的缩写，意思是"受激辐射的光放大"。演示用激光器可分为三类，即低功率氦氖激光器（红），中高功率氩激光器（蓝、绿），以及混合氩氪气体激光器（红、黄、绿、蓝）。

2.1.1.3　固体发光光源

半导体发光二极管（LED）作为一种常用的发光器件，是世界公认的21世纪照明的新光源。其利用固体半导体芯片作为发光材料，在PN结两端（正极引线和负极引线）加上电压，其载流子发生复合放出过剩的能量，从而引起光子发射产生光的现象。LED光源最早1962年就已经出现，从早期发出低亮度的红光，再到发明红外线及紫外线，光度得到重大提高，可作为指示灯、显示板等。直到20世纪90年代，研制出蓝光LED，很快就合成出白光LED，光效得到极大提升，从而成为千家万户的一种新型光源（图2-4）。

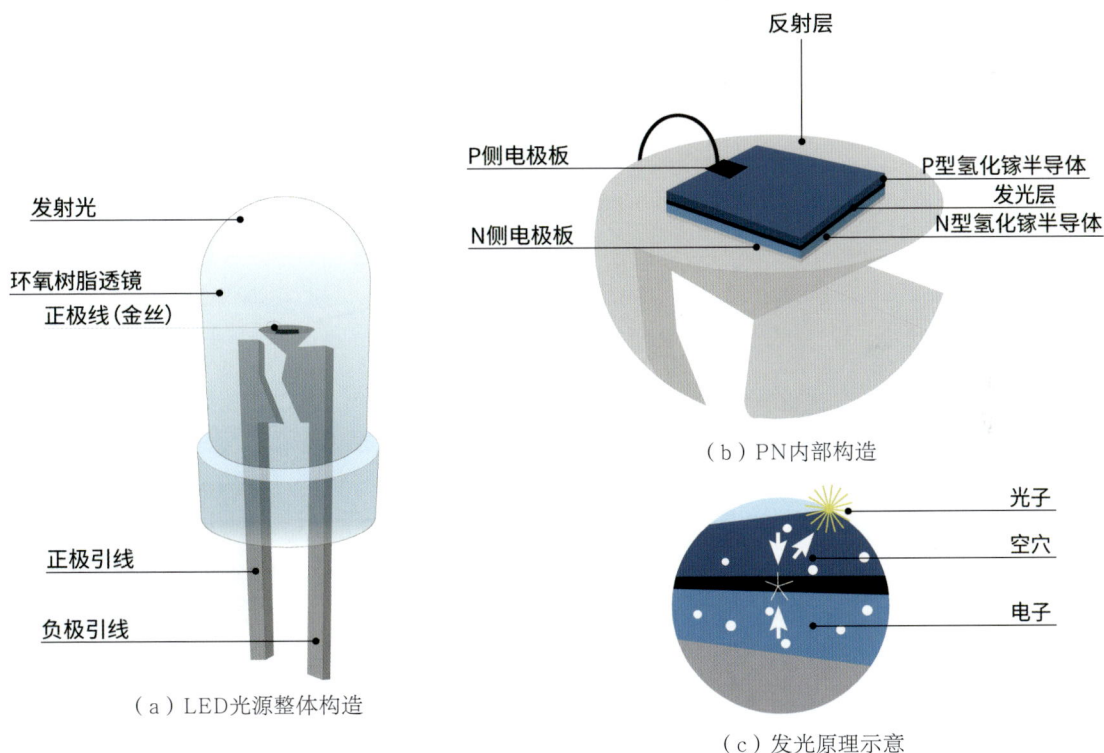

图 2-4　LED 芯片的结构

LED光源凭借能效、寿命和环保优势，已成为照明主流，但其光质量、散热和成本问题仍需针对性优化。人们应根据具体场景（如使用频率、光质需求、预算）权衡选择，并优先选择符合国际认证［如美国能源之星（Energy Star）、中国强制性产品认证（3C认证）］的产品以规避风险。表2-9为LED光源的核心优势。

在照明设计行业里，LED具有非常重要的作用，从需要照射超远距离的灯光到安装空间极有限区域，从单色的亮度到彩色可控，都具有较高的应用价值。LED作为固态光源，可分为小功率芯片、大功率芯片等（表2-10）。

表 2-9　LED 光源的核心优势

核心优势	优势说明
超高能效，节能显著	电光转换效率高：LED的能效可达100～200lm/W，是白炽灯（约15lm/W）的6～13倍，荧光灯（约60～100 lm/W）的1.5～2倍。 低电压驱动：可直接使用直流电源（如12V/24V），适配太阳能、电池供电场
超长寿命，维护成本低	理论寿命：LED芯片寿命可达50000～100000h（5～10年持续使用），远高于白炽灯（1000h）和荧光灯（8000h） 实际寿命影响因素：散热设计（高温会加速光衰）、驱动电路稳定性（劣质电源可能导致寿命减半）
环保特性突出	无有害物质：不含汞（荧光灯含汞蒸气）、铅等有毒元素，废弃物处理更安全 低碳排放：低能耗间接减少发电碳排放（若替换全球白炽灯，年减排二氧化碳超5亿吨）
可控性与灵活性	快速响应：毫秒级开关速度，无频闪（需优质驱动电路），适合高速摄影、汽车刹车灯 调光兼容性：支持0～100%无级调光（需匹配调光器），而荧光灯调光范围受限 色彩可定制：RGB三色LED可混合出全彩光，用于舞台灯光、建筑景观照明
应用场景多样化	定向发光：无需反射器即可实现聚光（如射灯、车灯） 微型化：芯片尺寸小至0.2mm²，适用于手机闪光灯、微创手术照明 极端环境适应性：耐低温（-40℃正常启动）、抗振动（无玻璃结构），适合冷库、车载照明

表 2-10　LED 芯片封装类型比较

分类	特点	图示
小功率	效率高、发热小、易散热，属于面光源，不易聚光，应用时需要多个芯片组合使用，工艺复杂，要求比较高	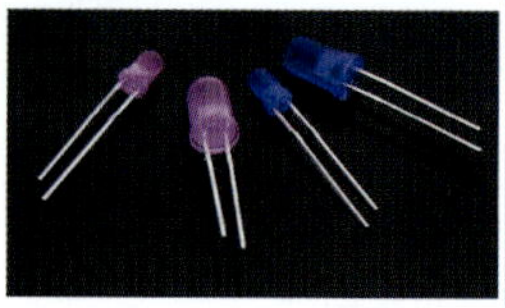
大功率	易装配、光效高、低挡电流时功率小，但光效高；高挡电流时功率大，但光效低、温度高、不易于散热	
COB[①]	多个LED芯片封装到一个模组里，功率大、亮度高，解决了多个LED光源安装在一起时配光不统一、封装复杂问题	

① COB全称是chip on board，即板上芯片封装，是一种区别于表贴封装技术的新型封装方式，具体是将裸芯片用导电或非导电胶黏附在印制电路板（PCB）上，然后进行引线实现其电气连接，并用胶把芯片和键合引线包封。

↘ 2.1.2 常用照明术语

如果现在要对教室、公园进行照明设计，针对这么多的光源和灯具，应该如何选择光源呢？除了根据环境载体的不同进行选择外，我们之前已经学习了光通量、照度、亮度等基础知识，下面再介绍一些相关的术语。

①绿色照明（green light）。绿色照明是安全舒适、节约能源、保护环境，有益于提高人们生产、工作、学习效率和生活质量，保护身心健康的照明（如表2-11）。

表 2-11 常用光源主要指标

光源类型	光效 /（lm/W）	显色指数 （CRI）	典型色温 /K	平均寿命 /h	主要应用场景
白炽灯	10～17	95～100	2700～3000	1000	家居装饰照明
卤素灯	15～22	98～100	2800～3200	2000～4000	展示照明、汽车前照灯
紧凑型荧光灯（CFL）	50～70	80～85	2700～6500	8000～10000	商业/住宅通用照明
直管荧光灯（T5/T8）	80～100	75～85	3000～6500	20000～30000	办公室、工业照明
LED	80～150	70～95及以上	2200～6500	25000～50000	全场景通用照明
高压钠灯（HPS）	80～140	20～25	1900～2200	24000～30000	道路、港口照明
金属卤化物灯（MH）	75～100	65～85	3000～4200	10000～15000	体育场馆、工厂照明
汞灯	30～60	45～55	3200～7000	24000	老旧工业照明（逐步淘汰）

根据《绿色建筑评价标准》（GB/T 50378—2019）和《建筑照明设计标准》（GB 50034—2013），绿色照明的核心要求如下。

节能高效：降低照明能耗，提高光效（lm/W），减少碳排放。

环保低碳：使用可回收材料，控制光污染，减少有害物质（如汞、铅）。

视觉健康：满足显色性（CRI≥80）、色温适宜（2700～6500K），避免频闪和眩光。

全生命周期管理：从设计、生产、使用到废弃的全过程符合可持续发展要求。

②健康照明（healthful lighting）。健康照明是基于视觉和非视觉效应，改善光环境质量，有助于人们生理和心理健康的照明方式。

③视觉作业（visual task）。视觉作业是在工作和活动中，对呈现在背景前的细部和目标的观察过程。

④光强分布（distribution of luminous intensity）。光强分布是用曲线或表格表示光源或灯具在空间各方向的发光强度值，也称配光（图2-5）。

（a）夜景投光实景

（b）软件测试伪色图

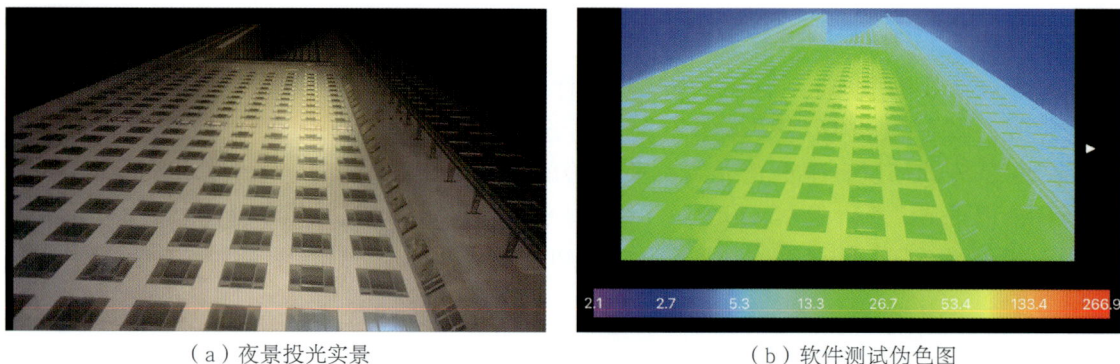

图2-5 北京某建筑立面光强分布（北京清瑜同绘规划设计有限公司提供）

⑤光源的发光效能（luminous efficacy of a light source）。光源发出的光通量除以光源功率所得之商，为光源的发光效能，简称光效，单位为流明每瓦（lm/W）。

⑥灯具效率（luminaire efficiency）。灯具效率是在规定的使用条件下，灯具发出的总光通量与灯具内所有光源发出的总光通量之比。

⑦灯具效能（luminaire efficacy）。灯具效能是在规定的使用条件下，灯具发出的总光通量与其所输入的功率之比，单位为流明每瓦（lm/W）。

⑧光通量维持率（luminous flux maintenance）。光通量维持率是光源在给定点燃时间后的光通量与其初始光通量之比。

⑨照度均匀度（uniformity ratio of illuminance）。照度均匀度是在规定表面上的最小照度与平均照度之比（图2-6）。

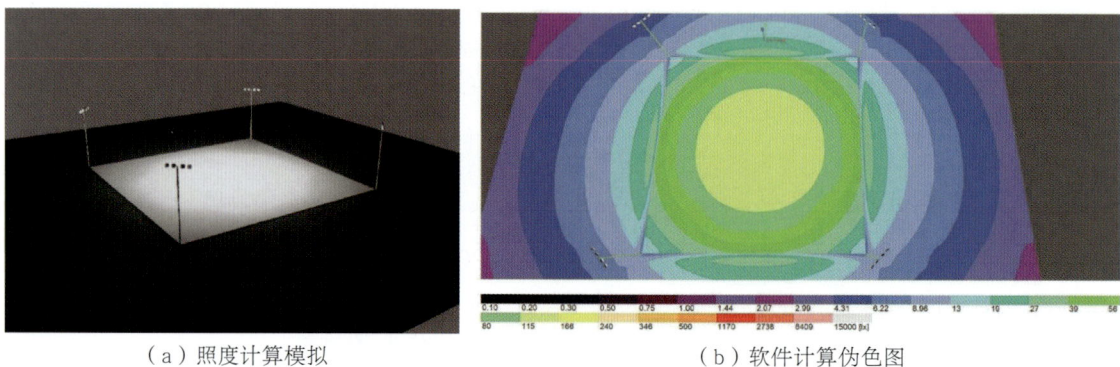

（a）照度计算模拟

（b）软件计算伪色图

图2-6 某民用休闲篮球场照度计算（北京清瑜同绘规划设计有限公司提供）

⑩眩光（glare）。由于视野中的亮度分布或亮度范围的不适宜，或存在极端的对比，以致引起不舒适感觉或降低观察细部或目标的能力的视觉现象称为眩光。

⑪不舒适眩光（discomfort glare）。不舒适眩光是指使人产生不舒适感觉，但并不一定降低视觉对象可见度的眩光。

⑫统一眩光值（unified glare rating）。统一眩光值（UGR）是CIE用于度量处于室内视觉环境中的照明装置发出的光对人眼引起不舒适感主观反应的心理参量。

⑬眩光值（glare rating）。眩光值（GR）是CIE用于度量体育场馆和其他室外场地照明装置对人眼引起不舒适感主观反应的心理参量。

⑭光幕反射（veiling reflection）。视觉对象的镜面反射，使视觉对象对比降低，以致部分或全部难以看清细部的现象称为光幕反射。

⑮反射眩光（glare by reflection）。反射眩光是指由视野中反射引起的眩光，特别是在靠近视线方向看见反射像所产生的眩光。

⑯灯具遮光角（shielding angle of luminaire）。灯具遮光角是灯具出光口平面与刚好看不见发光体的视线之间的夹角。

⑰闪烁（flicker）。闪烁是在亮度或光谱分布随时间波动的光照射下，静态环境中静止观测者观察到的视觉不稳定现象。

⑱频闪效应（stroboscopic effect）。在亮度或光谱分布随时间波动的光照射下，静止观测者观察到物体运动显现出不同于实际运动的现象称为频闪效应。

⑲（光）闪变指数（short-term flicker indicator of illuminance）。闪变指数是对短期内低频（80Hz以内）光输出闪烁影响程度的度量。

⑳频闪效应可视度（stroboscopic effect visibility measure）。频闪效应可视度是光输出频率范围为80～2000Hz时，短期内频闪效应影响程度的度量。

㉑显色性（colour rendering）。与参考标准光源相比较，光源显现物体颜色的特性称为显色性。

㉒显色指数（colour rendering index）。显色指数是光源显色性的度量。以被测光源下物体颜色和参考标准光源下物体颜色的相符合程度来表示。

㉓一般显色指数（general colour rendering index）。光源对CIE规定的第1～8种标准颜色样品显色指数的平均值，通称一般显色指数。

㉔特殊显色指数（special colour rendering index）。特殊显色指数是光源对CIE规定的某一标准颜色样品的显色指数。

㉕色温（colour temperature）。当光源的色品与某一温度下黑体的色品相同时，该黑体的热力学温度为此光源的色温，亦称"色度"，单位为开（K）。

㉖相关色温（correlated colour temperature）。当光源的色品点不在黑体轨迹上，且光源的色品与某一温度下的黑体的色品最接近时，该黑体的热力学温度为此光源的相关色温，单位为开（K）。

㉗色品坐标（chromaticity coordinates）。每个三刺激值与其总和之比。在 X、Y、Z 色度系统中，由三刺激值可算出色品坐标 x、y、z。

㉘色容差（chromaticity tolerances）。色容差表征一批光源中各光源与光源额定色品的偏离，用颜色匹配标准偏差（SDCM）表示。

㉙非视觉效应（non-visual effects）。进入人眼的光辐射通过内在光敏视网膜神经节细胞（ipRGC）所引起的不同于视觉感知的生理和心理反应称为非视觉效应。

㉚反射比（reflectance）。在入射辐射的光谱组成、偏振状态和几何分布给定状态下，反射的辐射通量或光通量与入射的辐射通量或光通量之比称为反射比。

㉛照明功率密度（lighting power density）。照明功率密度是正常照明条件下，单位面积上一般照明的额定功率（包括光源、镇流器、驱动电源或变压器等附属用电器件），单位为瓦/平方米（W/m^2）。

如《建筑照明设计标准》（GB/T 50034—2024）推荐的办公建筑和其他类型建筑

中具有办公用途场所照明功率密度限值的目标值见表2-12。

表 2-12　照明功率密度限值的目标值

房间或场所	照明功率密度限值的目标值/（W/m²）
普通办公室、会议室	≤6.5
高档办公室、设计室	≤9.5
服务大厅	≤8.0

㉜室形指数（room index）。室形指数是表示房间几何形状的数值，其计算式为

$$RI = \frac{2S}{hL}$$

式中　RI——室形指数；

S——房间面积，m²；

L——房间水平面周长，m；

h——灯具计算高度，m。

㉝年曝光量（annual lighting exposure）。年曝光量是度量物体年累积接收光照度的值，用物体接收的光照度与年累积小时的乘积表示，单位为lx·h/a。

㉞智能照明控制系统（intelligent lighting control system）。智能照明控制系统是利用计算机、网络通信、自动控制等技术，通过对环境信息和用户需求信息进行分析及处理，实施特定的控制策略，对照明系统进行整体控制和管理，以达到预期照明效果的控制系统。

2.2　灯具发展及介绍

2.2.1　灯具发展史

灯具（luminaire）是能透光、分配和改变光源光分布的器具，包括除光源外所有用于固定和保护光源所需的全部零部件，以及与电源连接所必需的线路附件。

据中国出土的甲骨文记载，人类早在殷商时期，就会使用松脂火把照明。周朝时期，青铜器和陶器的大量使用为灯具的出现创造了条件。春秋战国时期，照明用灯具开始出现。人们用豆脂作为燃料，将豆脂盛放在陶制的小碗里，放上一根灯芯，点燃照明。从古体字的"燈"就能看出，灯是从豆演变而来的。古籍中有记载："灯源于豆，瓦豆谓之登（灯）"。

战国时期贵族使用的灯具以青铜材质为主体，下层社会的人主要使用陶质灯，被称为陶豆。战国时期的灯具大致可分为人俑灯和仿日用器形灯两大类。

秦代，灯具铸造奢华靓丽。据记载，阿房宫、皇陵等皇家古建筑配备了奢华的灯具。现陈列在博物馆的一些秦代出土各式各样的灯具文物，就是最真实的例子。

西汉《西京杂记》描述了一个造型精美，工艺复杂且具有动态和照明效果的青玉灯具。

两汉时期对战国和秦朝灯具既有继承又有创新，灯具不仅数量显著增多，材质和种类也有新的发展。从质地上看，除青铜灯具继续盛行、新陶质灯具逐渐成为主流外，还出现了铁灯和石灯。从造型上看，除人俑灯和仿日器形灯之外，还出现了动物形象灯。

在中国灯具史上，成就最高的宫灯出现在西汉。最著名的是1968年河北省满城县出土的"长信宫灯"。这种灯是供宫廷贵族使用的青铜灯，灯的火苗上方带有连着烟管的烟罩，灯火产生的烟，可以经由灯罩和袖管排入蓄水的灯身里，达到"取光藏烟"的环保效果，体现了古代中国人民的智慧。长信宫灯为青铜制造，通体鎏金，1993年被鉴定为国宝级文物，被誉为"中华第一灯"（图2-7）。

图 2-7　"中华第一灯"——长信宫灯

俗话中常把"某某不是省油的灯"用来形容某些人比较厉害、刻薄。其实，这里的"省油的灯"在历史中真正出现过。唐朝中晚期，四川成都附近的邛窑烧制的省油灯就是真正的节能灯（图2-8）。陆游《老学庵笔记》中叙述："《宋文安公集》中有《省油灯盏》诗，今汉嘉有之，盖夹灯盏也，一端作小窍，注清冷水于其中，每夕一易之，寻常盏为火所灼而燥，故速干，此

（a）省油灯剖面

（b）省油灯造型

图 2-8　省油灯

独不然，其省油几半。"

唐朝也是中国古代历史文化的巅峰之一。其中，举世闻名的唐三彩就是最佳代表，在灯具中也已经开始运用彩陶技术。

古代灯具在祭祀和喜庆中大显身手，成为各种活动中不可缺少的装饰、公用产品。宋代以陶瓷灯具为主。宋代皇帝为了庆祝战争中的将军凯旋，经常会在皇宫赏赐给将军等一批军官白银、腰带以及灯具。

明清两个时代是中国古代灯具发展最辉煌的时期，灯具和烛台的质地及种类更加丰富多彩。在质地上除原有的金属、陶瓷、玻璃、珐琅、玉石等材料外，还出现了用绢纱制作的宫灯。种类繁多、花样不断翻新的宫灯兴起，更开辟了中国灯具史上的新天地。

自清末煤油灯引入中国，美观的外形、先进的燃料、科学的燃烧方式，以及数倍于老油灯的亮度，很快吸引了国人的目光。近现代，最早使用电灯的地区是上海的租界。光绪十四年（1888年），北洋大臣李鸿章将发电设备和电灯作为贡品献给慈禧太后和光绪皇帝，但由于受到宫廷内部保守势力的反对，未能使用。1903年天津成立了中外合资电灯公司。1904年北京也成立了京师华商电灯公司。1921年，民族工商业者胡西园等试制成功第一个国产白炽灯。1927年。许石炯试制小电珠成功，并在上海开设工厂，生产2.5V、3.8V小电珠和圣诞泡。1954年，上海建造"中苏友好大厦"，配套灯具由上海3家灯具厂承制。经过将近1年的努力，中国的灯具企业制造出大型吊灯、壁灯、吸顶灯等各类灯具。这标志着中国现代灯具工业已经迈出了历史性的一步。

1958年，北京长安街华灯进入设计阶段，由清华大学建筑系、北京市建筑设计院、北京市照明器材厂等多家单位联合设计，并借鉴了当时苏联专家的意见，最终的灯型是周恩来总理在上报的十几种灯型方案中亲自挑选的。华灯圆形灯球与四方底座寓意天圆地方、盛世太平。华灯在1959年国庆节前夕正式启用，60多年来，华灯灯型沿用至今未做过任何改动，但华灯的光源却随着技术进步多次更新。

1961年，被誉为"中国电光源之父"的蔡祖泉与同伴们初探中国科学家的"空白领域"电光源，着手研制国内第一盏第二代光源——高压汞灯。同年，复旦大学电光源小组成立。1963年，复旦大学电光源研究室和亚明灯泡厂研制、生产了中国第二代光源荧光高压汞灯。

↘ 2.2.2　灯具光学特性

2.2.2.1　灯具的功能和结构

灯具在人们日常生活中是非常常见的。灯具是能透光、分配和改变光源光分布的器具，包括除光源外所有用于固定和保护光源所需的全部零部件，以及与电源连接所必需的线路附件。

灯具有如下功能：①提供电熔连接装置保障亮灯；②提供机械装置保障灯具固定，控制安全防护措施；③控制配光曲线，促进灯光有效利用；④装饰效果。

表2-13按灯体结构、控制装置、反射装置、漫射装置等基本组成对灯具结构分别释义。

表 2-13　灯体结构及释义

结构	释义
灯体结构	这是构成灯具的基本部分，主要用于光源的安装，可以分为几种类型：①室内或室外区域安装；②表面安装或嵌入式安装；③悬挂式或轨道式安装；④墙面、支架或灯柱安装；⑤开启或封闭；⑥一般环境或是危险环境使用
控制装置	不同种类的光源应配合不同的控制装置，可以分为以下类型：①不带附件的常规白炽灯；②卤素灯或带变频装置的低压卤素灯；③一般荧光灯，配有镇流器、电容器和启辉器；④气体放电灯配有镇流器、电容器和触发器，或电子触发控制设备；⑤LED等新型光源带有控制器等
反射装置	安装在灯具内的特殊表面装置，主要功能是将光通定向 根据发出光线的方式。光辐射可以以下两种：①对称方式，对称的（一个轴或两个轴）或非对称的。②角度大小，宽光束或窄光束
漫射装置	主要是指灯具发光的表面覆盖材料。常见的类型有：①透镜、乳色玻璃（白色）或棱镜玻璃（透明的）；②格栅、薄片或网状的（直接影响到遮光角的大小）；③镜面，镜面的或非镜面的
射灯样式	64　　　123　89　60 单位：mm

2.2.2.2　配光曲线

　　配光曲线是光源（或灯具）在空间各个方向的光强分布。在极坐标图上标出各方位的光强度值所连成的曲线就是灯具的配光曲线。配光曲线是照明设计中非常重要的因素，配光曲线与灯具反射装置、漫射装置具有直接关系。举个例子，光线通过灯具的作用后，照射到空间里光的形状（图2-9）。

　　按照欧洲标准，配光曲线的边缘线选择中心线光强的50%绘制边界线；按照美国标准，则选择中心线光强度的1/10绘制边界线。配光曲线是由积分球仪器在测试灯具时自动绘制成的独有文件，格式一般是（*.ies）（图2-10）。

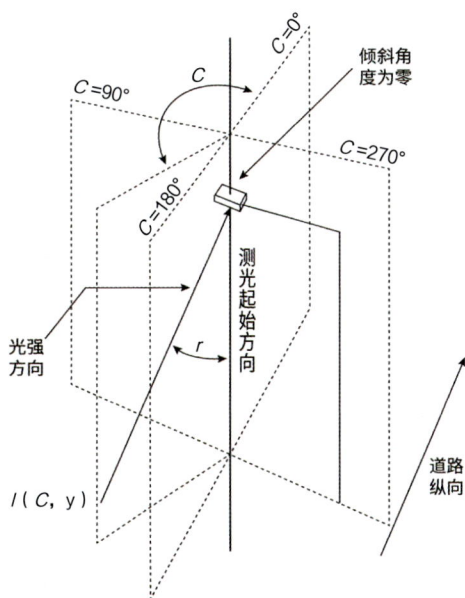

图 2-9　配光曲线方向

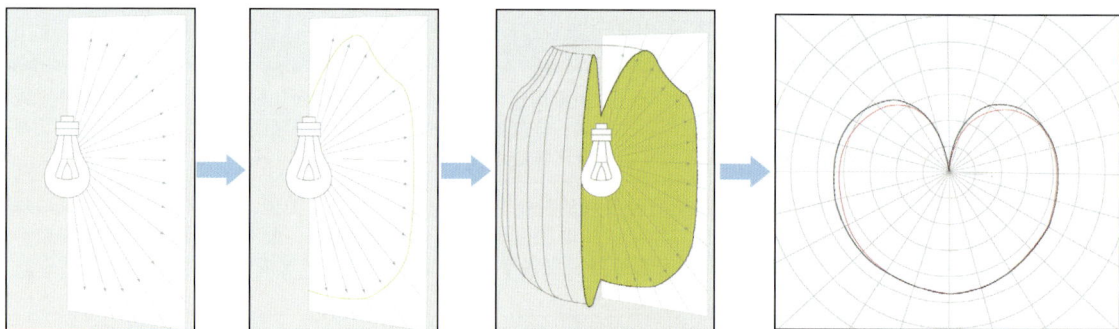

图 2-10　配光曲线的形成示意

　　配光曲线一般有三种表示方法：一是极坐标配光曲线；二是直角坐标配光曲线；三是等光强曲线。

　　（1）极坐标配光曲线。极坐标配光曲线在通过光源中心的测光平面上，测出灯具在不同角度的光强值。从某一方向起，以角度为函数，将各角度的光强用矢量标注出来，矢量顶端的连接就是照明灯具极坐标配光曲线。如果灯具有旋转对称轴，则只需通过轴线的一个测光面上的光强分布曲线就能说明其光强在空间的分布。如果灯具在空间的光分布是不对称的，则需要若干测光平面的光强分布曲线才能说明其光强的空间分布状况［图2-11（a）］。

　　（2）直角坐标配光曲线。对于聚光型灯具，由于光束集中在十分狭小的空间立体角内，很难用极坐标来表达其光强度的空间分布状况，就采用直角坐标配光曲线表示法，以竖轴表示光强［图2-11（b）］，以横轴表示光束的投射角。如果是具有对称旋转轴的灯具则只需一条配光曲线来表示，如果是不对称灯具则需多条配光曲线表示［图2-11（b）］。

　　（3）等光强曲线。将光强相等的矢量顶端连接起来的曲线称为等光强曲线，将相邻等光强曲线的值按一定比例排列，画出一系列的等光强曲线所组成的图称为等光强图，常用的图有圆形网图、矩形网图与正弧网图［图2-11（c）］。

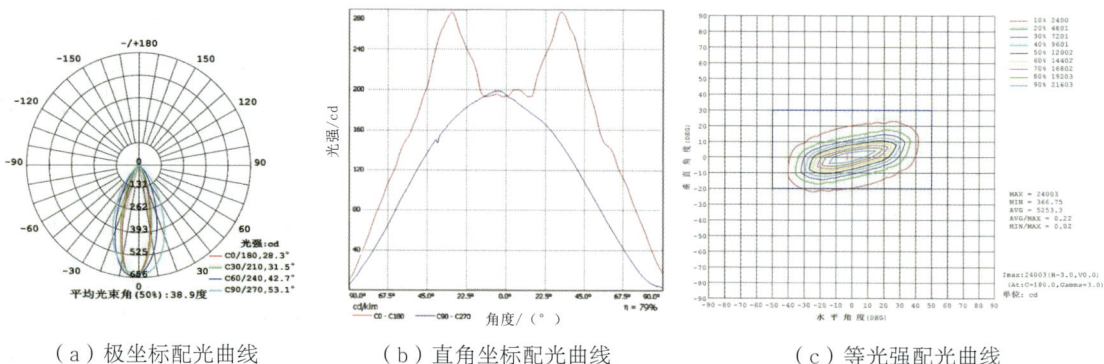

（a）极坐标配光曲线　　　　　（b）直角坐标配光曲线　　　　　（c）等光强配光曲线

图 2-11　配光曲线三种表示方法

　　配光曲线在运用中分为轴对称、对称和非对称三种形式。在配光曲线中，通常以光通量为1000lm的假想光源提供光强分布数据，以便不同的照明灯具可以进行光分布特性比较。对于轴对称的旋转体灯具，发光强度在空间的分布是轴对称的，常以极坐标表示灯具的光强分布。我们可以使用通过灯具轴线的任一平面的光强分布曲线，了解照明灯具在整个空间的光强分布。如果是非对称旋转体的灯具，其发光强度在空间的分布也是不对称的，那么就需要用若干个平面的光强分布曲线来说明空间的光分布。像线性荧光灯，一般使用三个平面：平行于灯具轴线方向、垂直于灯具轴线方向、与灯具轴线成45°的平面。垂直方向的光强是测量通过灯具中心的各个垂直面上的光强而获得的，就像光源或灯具围绕着它的垂直轴旋转一样。

　　配光曲线在光学中非常重要，但是还有一种比较直观的表达方法，可以直接看到照射角度、照射距离、不同距离情况下的照度。例如图2-12，图2-12（a）是极坐标配光曲线，可以看到角度、光强，根据现场实际情况可以换算照度情况，而图2-12（b）非常直观，纵向和横向代表照射的距离或者被照面的尺度，不同的颜色代表这条曲线上的照度。这样的话，在设计一面11m高的墙照明时，使用这款产品，从视觉上看到不同高度的照度变化，如果为了横向更均匀地照射，那么灯具安装间距也可以粗略地计算出来。

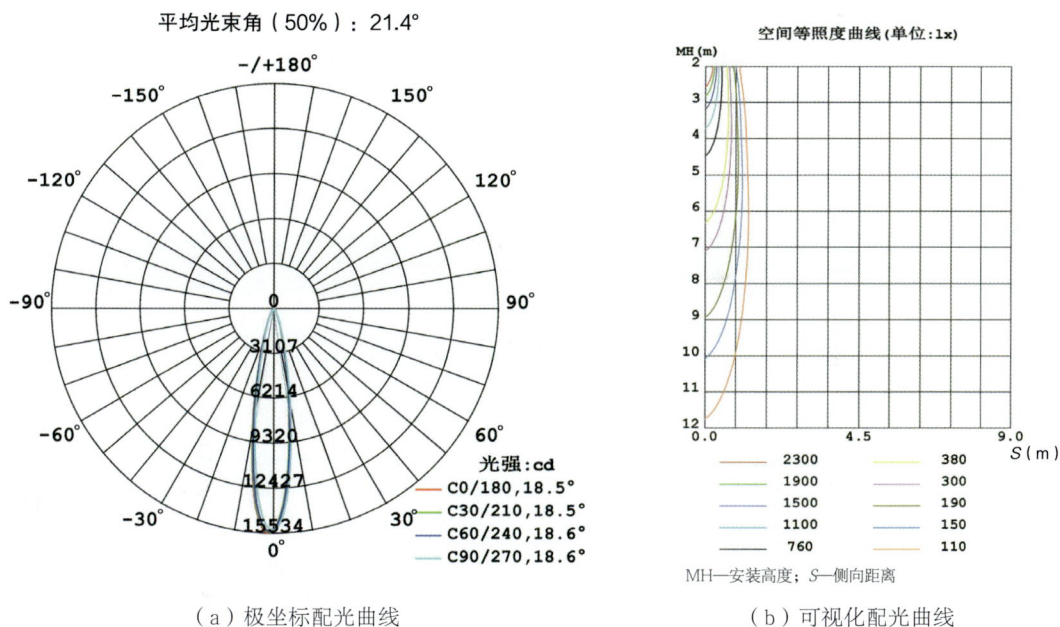

（a）极坐标配光曲线　　　　　　　　（b）可视化配光曲线

图 2-12　配光曲线

2.2.2.3　灯具效率

　　灯具效率也称光输出比例。灯具内光源所发出的光，有一部分会被灯具本身所吸收，影响光的整体输出。为此，我们以灯具实际发出的光通量占其光源所发出的光通量之比，表示灯具效率（%）。

2.2.2.4　灯具防尘防水

　　户外使用的灯具必须有严格的防尘和防水要求，因此使用防护等级代码IP（ingress

protection）来表示灯具外壳的防护等级。IP后面有两个特征数字，第一特征数字定义了能进入壳体的最小固体尺寸，第二特征数字定义了防水能力（表2-14）。

表2-14　灯具防尘防水等级

（a）灯具防尘等级

防尘	简要表述	符号
IP0X	无防护。对外界的人或物无特殊的防护，灰尘可以自由进入设备内部。	
IP1X	防止大于50mm的固体物体侵入。可防止人体（如手掌）因意外而接触到灯具内部的零件，防止较大尺寸（直径大于50mm）的外物侵入。	
IP2X	防止大于12mm的固体物体侵入。能防止人的手指接触到灯具内部的零件，防止中等尺寸（直径大于12mm）的外物侵入。	
IP3X	防止大于2.5mm的固体物体侵入。可防止直径或厚度大于2.5mm的工具、电线或类似的细小的外物侵入而接触到灯具的内部零件。	
IP4X	防止大于1.0mm的固体物体侵入。能防止直径或厚度大于1.0mm的工具、电线或类似的细小的外物侵入而接触到灯具的内部零件。	
IP5X	防尘。虽不能完全防止灰尘侵入，但侵入的灰尘量并不会影响灯具的正常操作。	▧
IP6X	尘密。完全防止外物及灰尘侵入，能够确保灯具内部几乎不会有灰尘进入。	◈

（b）灯具防水等级

防水	简要表述	符号
IPX0	无防护。产品对水没有任何防护能力，不能接触水，否则很容易损坏	
IPX1	防止滴水侵入。防止垂直滴下的水滴（如凝结水）对灯具造成损坏	💧
IPX2	倾斜15°时，仍可防止滴水侵入。当灯具由垂直倾斜至15°时，滴水不会对灯具造成损坏	💧
IPX3	防止喷射的水侵入。可防止雨水或垂直入夹角小于50°（有的标准为60°）方向所喷射的水侵入灯具而造成损坏	💧
IPX4	防止飞溅的水侵入。能防止各方向飞溅而来的水侵入灯具而造成损坏	
IPX5	防止大浪的水侵入。可防止大浪或喷水孔急速喷出的水侵入	💧 💧
IPX6	防止大浪的水侵入。产品浸入水中一定时间或水压在一定标准以下，可确保不因进水而损坏	💧 💧
IPX7	防止浸水的影响。灯具浸在水中一定时间或水压在一定的标准以下，可确保不因进水而损坏，适用于可能会意外掉入水中的产品	
IPX8	防止沉没的影响。产品能够长时间在超过1m的水深中使用而不会进水损坏，这是非常高的防水等级，通常用于专业的水下设备	💧💧 …m

　　防尘防水等级是灯具选择使用时的重要防护标准，例如如果在喷水池中安装灯具，灯具长期在水下存放，就需要选择IP68的灯具。对于城市路灯，选择IP65等级的灯具基本满足需要，而室内的灯具一般选择IP20等级的就可以满足要求，这是因为室内灯具一般不会被喷水，但可能会被触摸到，所以一般选择IP2X，这也不是绝对标准，最终还是要看具体的位置空间属性，例如矿井下灯具、洗澡浴池的灯具就不可以使用IP20的灯具。有时候还需要增加其他的防护等级要求，例如IK等级等。

2.2.3　灯具的分类

2.2.3.1　按照明方式分类

　　按出光方式分布的差异，以灯具向上和向下两半球的空间所发出的光通量分配比例进行分类，照明方式可分为直接照明、半直接照明、漫射照明、半间接照明、间接照明五种（表2-15）。

　　（1）直接照明。直接照明是灯具发射的光通量的90%以上直接投射到工作面上的照明方式。

　　直接照明的光利用率较高，是能源浪费最少的照明方式，主要是通过光通量分布符合该要求的灯具实现的。直接型照明灯具，因光束角宽窄的差异，又分为窄光型、中光型、宽光型三种（国内划分方法），这种差异直接影响了灯具的光效。

　　窄光型：灯具的光束角小，光线非常集中，照明目标性强，适用于重点照明和高顶棚的远距离照明。

　　中光型：是直接型照明灯具中的一种类型，其光束角适中，通常在30°～60°之间。这种类型的灯具在照明设计中起到平衡作用，既能提供一定的集中照明，又具备适度的光线扩散性，适用于需要兼顾重点照明和整体照明的场合，如会议室、教室等。中光型灯具的光效介于窄光型和宽光型之间，能够有效避免眩光，确保照明的均匀性和舒适性。

　　宽光型：光束角相对宽广，光束具有扩散性，在灯距适当的情况下，可以提供均匀的照度。应用范围较广，适合作为只考虑水平照明效果的室内空间的照明之用，在一般空间照明中使用频率最高，典型例子如筒灯、台灯等。

表 2-15　按出光方式分类

灯具类别	光强分布	光通量分配/%	
		上	下
直接照明		0～10	100～90
半直接照明		10～40	90～60
漫射照明		40～60	60～40
半间接照明		60～90	40～10
间接照明		90～100	10～90

（2）半直接照明。半直接照明是灯具发射的光通量的10%～40%向上透射、60%～90%向下透射到工作面上的照明方式，通常是利用遮光罩的透光性完成的。不同透光度和形式的遮光罩产生的光效有所差异。

半直接照明的特点是：可以自然地将光通量分配到上下两半球，使室内具有适合不同需求的照度比，并降低阴影，减轻眩光效应，易使光环境形成一定的层次，产生舒缓的朦胧感，增强空间的艺术氛围。半直接照明灯具是最实用的均匀作业照明灯具，被广泛用于高级会议室、办公室的照明。此外，半直接照明方式上射光线照亮了顶棚，增添了空间的高度感，更适合低矮空间的照明之用。典型例子如吸顶灯、吊灯、落地灯等。

（3）漫射照明。漫射照明是利用灯具的折射功能来控制眩光，将光线向四周扩散的漫散照明方式。在形成方式上，一种是利用半透光灯罩将光线全部封闭，依靠光的透射产生漫反射；另一种是通过反射装置和滤光材料的结合，形成光线的漫反射。

漫射照明在空间各方向获得照度均匀，空间光照感受柔和，不易产生眩光。典型例子如吊灯、台灯、球泡等。

（4）半间接照明。半间接照明是将光通量的60%～90%向上透射，利用天棚的反射光作为主要光源，而将10%～40%的光直接透射到工作面上的照明方式，通常也是利用半透光性遮光罩调整光通量的发射方向和比例来实现的。

半间接照明的特点是：大部分光通量经由天棚反射而得，故更利于软化阴影；调整空间的整体亮度，但不利于提高水平照度。它适用于一般性照度要求的作业空间和非作业空间，如普通办公室、学校，以及娱乐空间、餐饮空间的公共空间等。同时适用于氛围的营造和空间感的塑造，尤其适用于对小空间的改善。

（5）间接照明。间接照明是自下方将光源完全遮挡，使光通量的90%～100%向上透射，只有10%以下的光直接透射到工作面上，而主要通过天棚或墙面反射获得光线的照明方式。

间接照明的特点是光线主要集中在上部，均匀且极为柔和。它适用于环境或操作对象反光性强的空间，作为环境照明和装饰照明使用效果更佳。典型例子如吊灯、落地灯、埋地灯等。

2.2.3.2 按使用场所分类

灯具按使用场所分为室外灯具和室内灯具。

（1）室外灯具。根据户外灯具所起的功能作用和安装地点位置的不同，可将其分为车行道灯（路灯）、庭院灯、高杆灯、低位灯具、投射灯具、下照灯具、埋地灯具、壁灯、嵌入式灯具、水下灯、光纤照明系统、太阳能灯具等多种类型。点线投类灯具造型如图2-13所示。

①庭院灯。庭院灯的高度一般

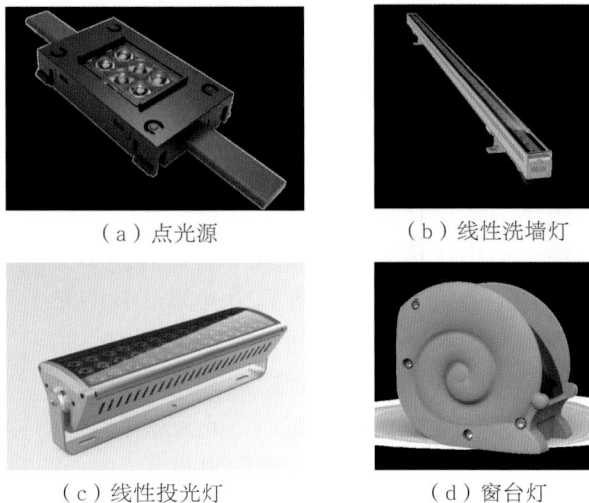

（a）点光源　　　（b）线性洗墙灯

（c）线性投光灯　　　（d）窗台灯

图2-13　点线投类灯具造型
（深圳爱克莱特科技股份有限公司提供）

为3～5m，主要用于人行步道和庭院的照明。一般来说，它们主要起功能性照明作用，通常也具有一定的装饰性（图2-14）。

②高杆灯。一般是在15～45m的高杆灯顶部悬挂成组的大功率灯具，对大面积场所提供整体的水平照明。其优点是照度均匀，眩光效应降低。其适用场所包括高速公路、机场、海港、货运码头、商业广场、运动场、工厂厂区、停车场等。灯杆的整体设计与灯盘所受的风荷载和灯盘的自重有直接的关系。为了检修和维护，高杆灯一般设有升降系统。

③低位灯。低位灯是用于路面照射、交通警示、空间限定、低矮景观照明（如草坪灯）的灯具。低位灯低于人眼视线高度，可以采用非对称配光设计，专门用于路面照明，将发出的光投向地面。完全截光的设计有助于增加视觉舒适、限制眩光和减少光污染（图2-15）。

④泛光灯具。泛光灯具主要是指远距离投射建筑物立面的灯具。灯具内所使用的光源决定了光色、寿命、光效和光强分布。反射器的设计决定了所照射区域的照明均匀程度，合理的反射器设计有利于提高灯具效率。泛光灯具主要用于对建筑物立面、室内外体育场馆、作业区域进行投光。使用的投光灯

慧眼A　　慧眼B　　如意

（a）现代庭院灯　　　　（b）特色景观庭院灯

图 2-14　庭院灯样式（深圳爱克莱特科技股份有限公司提供）

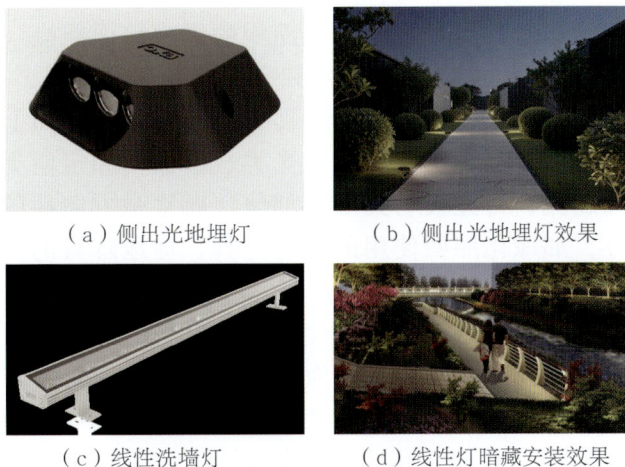

（a）侧出光地埋灯　　　（b）侧出光地埋灯效果

（c）线性洗墙灯　　　　（d）线性灯暗藏安装效果

图 2-15　低位灯及其照明方式
（深圳爱克莱特科技股份有限公司提供）

具利用光学部件将光束集中在某个立体角内，以便达到较高的光强。适用于泛光灯具的光源有卤素灯、金卤灯、低压钠灯和高压钠灯。鉴于泛光灯具要易于安装、便于更换光源和清洁，灯具的设计应该满足方便进行这些作业的要求。根据光束开口（光束角）的大小，泛光灯具也可分为窄光型、中光型、宽光型。

⑤小型投光灯具。这类灯具与建筑物泛光灯具类似，但总体上是窄光束投射，将光照射到特定的区域，可以设计成不同的光束角大小和配光。如果使用轴对称的反射器，可以形成像泛光灯具那样的宽配光。如果是不对称配光，可以用于投射墙

面、地面和天花。它的安装位置根据环境的具体情况可选择在地面、墙面和天花上（图2-16）。

图 2-16　投光灯样式（深圳爱克莱特科技股份有限公司提供）

⑥下照灯具（天花嵌灯、吸顶灯、悬吊灯具）。下照灯具发出的光可以是完全垂直向下的，也可以是角度可调的，即方向性照射。下照灯具通常固定在天花板上，照射地面或墙面。光束可宽可窄，配光可以是对称的，也可以是非对称的。对于窄光型的下照灯具，如果各个方向均没有眩光，就是完全截光的灯具。下照灯具就安装方式及位置，可以分为天花嵌灯、吸顶灯、悬吊灯具。天花嵌灯和吸顶灯可以是对称配光，也可以是非对称配光，非对称配光一般用于墙面照明。与室内照明的原理一样，墙面布光灯具主要是将大面积的垂直墙面照亮，依据反射器的构造，可以形成不同的照明效果，如均匀的光照和有梯度变化的光照。

⑦埋地灯具。埋地灯具是直接安装在地面上的灯具，向上或侧面发光。其配光的设计可以分为三类，即聚光类、墙面类和定向类。根据使用的功能不同，可以是不对称配光，将光投射到墙面部位。通常是方向性的光束设计，用来照射空间中的某个部分，如绿化照明使用的埋地灯具。埋地灯具的出光口可设计成单向出光、对称双向出光、四向出光和漫射发光等多种形式。

⑧半埋地灯具。设计成出光口亮度较低的发光面，作为定向的引导性照明。较常用的是以LED新型光源为主的定位灯具，安装位置可以在墙面上也可以在地面上，如广场和道路。埋地灯具使用的光源很多，如卤素灯、荧光灯、LED光源，主要用于环境装饰。由于灯直接安装在地面上，所以应特别注意其防水处理。再者，埋地灯具一般带有镇流器和变压器等电气附件，应注意保证有效的安装高度。

⑨壁灯。户外使用的壁灯主要用在地下停车库的坡道照明和踏步照明，也常用在建筑物外墙面和大门入口处。尽管这类灯具在视觉上主要起引导和装饰作用，但是对于小尺度的路径可以起到补充照度的作用，可以进行一般性照明，同时渲染个性。在居住建筑中，在入口处常常使用与建筑物风格相融合的造型，作为重点警示照明。

⑩水下灯。水下灯有嵌入式和基座安装两种，分为湿用和干湿两用型。水下灯可以使用的光源类型较多，如卤素灯、汞灯、LED等。

⑪光纤照明系统。光纤照明系统由发生器、导光系统及末端光学元件三大部分组

成。发生器包括光源、电源、光学滤片（光源产生的紫外或红外辐射）、反射器等部分。光源有石英卤素灯、金属卤化物灯和LED灯。导光系统的光纤部分一般由塑料和玻璃制成。根据应用的场合，末端接头光的形式可以是散光、聚光或将其功能放大。光纤照明系统的特点在于良好的安全性、易于维护、形式上的可变性。由于光源放置在发生器内，故导光系统的光纤可任意布置在室内、室外甚至浸在水中。

光纤照明系统是将光源发出的光通过光纤传送到需要的地方或物体上，但这种系统一般不用于提供功能照明，主要用作小空间的重点照明或用作建筑物的外轮廓照明。另外，特别适合用在潮湿、危险安装和维护普通光源和灯具困难的地方（图2-17）。

（a）公共空间光纤照明效果　　　　　　　　（b）卧室空间光纤照明效果

图 2-17　光纤照明

（2）室内灯具

①导轨射灯又称轨道射灯或导轨灯具。就是可以自由安装于特制导轨之上，利用轨道中通电的铜丝或者铜片取电的灯具。

②下照灯。下照灯安装于天花板上，向下投射光线，一般为空间提供基础照明。根据安装方式不同，嵌入天花板安装的称为嵌入式下照灯或嵌入式筒灯，明装于天花板表面的称为明装下照灯或明装筒灯。有些下照灯可以调节照射方向，称为可调角度下照灯或可调角度筒灯。

③灯盘。又称为嵌入式灯具（recessed luminaries），这种灯具一般用于办公场所，嵌入安装在办公楼通用的矿棉板天花板中，可能是因为形状如盘子一样扁平，所以被称为灯盘。早期的灯盘采用荧光灯管，配以格栅片作为光学反射器，所以又被称为格栅灯盘。

④吊灯。这种灯具与装饰吊灯不同，它不以装饰为主，而主要用于提供照明。虽然它也有一定的装饰性，但是照明设计师在考量时还是会以光学参数作为首要指标。这类灯具可以提供基础照明，也可以提供重点照明，形式非常多样，使用非常灵活。

↘ 2.2.4　灯具的规格和参数样式

灯具作为照明设计中最主要的材料之一，其每款灯具都有其特殊的指标含义，每个含义也都赋予项目不同意义，下面针对两款灯具，分析灯具选型的一般指标组成。由于不同的设计师制作的选型格式不同，所以选择两类格式展示（表2-16和表2-17）。

表 2-16　嵌装防眩射灯规格

产品名称	产品图片	产品尺寸	检测项目	灯具规格书要求	指标含义
嵌装防眩射灯	 防眩蜂窝	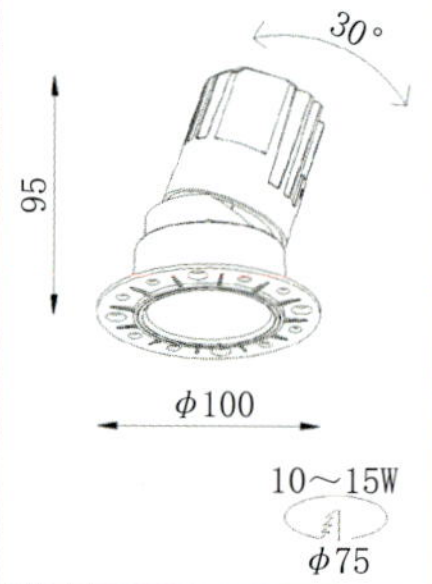 30° 95 φ100 10～15W φ75	产品型号	R2	灯具标号
			光源类型	LED、COB	光源类型
			功率	12W	光源功率
			发光效率	5lm/W	1W功率产生的光效
			色温、角度	3000K、36°	光源色温及光线角度
			使用位置	客房内	安装位置
			显色指数	≥90	显色指数指标
			光学配件	（乳白反射器+黑色蜂窝网）/（蜂窝格栅、暗光反射器）	配备的光学配件
			产品尺寸	开孔75mm；面径100mm	产品尺寸
			控制方式	AC220V，0～10V调光	电压及调压

表 2-17　灯具选型技术参数

项目名称:某某建筑外立面夜景照明		灯具名称：线性洗墙灯
灯具安装位置：建筑立面		
灯具说明		**灯具选型图示**
灯具材质	高强度铝合金\钢化玻璃	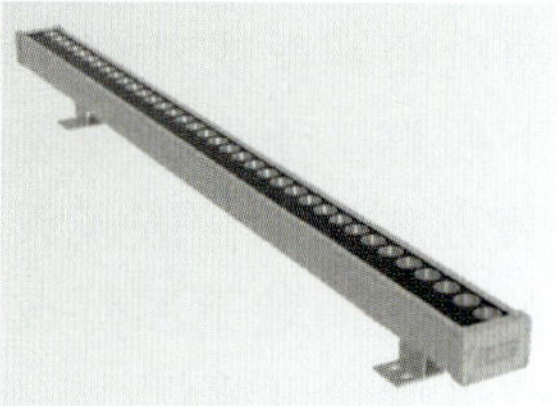
灯壳颜色	灰色	
光束角	12°×45	
配光曲线	■对称　□非对称	
光源与反射器	□可调　■不可调	
灯具电压	□220V　□15V　□12V　■24V　□其他	**配光曲线**
安装方式	见安装尺寸图示	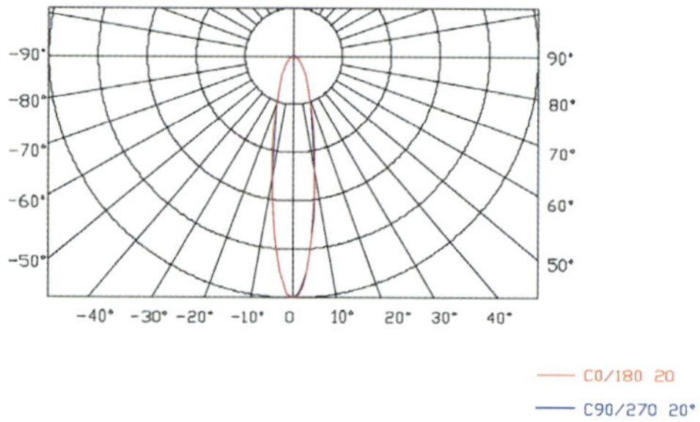
光学附件	透镜	
防水防尘等级	IP65	
灯具质量	3.5kg	
光源说明		
光源类型	LED	
光源功率	54W	
控制方式	DMX512	
像素段	4	

续表

项目名称:某某建筑外立面夜景照明		灯具名称：线性洗墙灯
灯具安装位置：建筑立面		
能效值	≥70 lm/W	安装尺寸图示
光源寿命	35000h	
颜色或色温	3000K	
显色指数	不低于80	
电器		
电气类型	内置类型	
功率因数	不低于 0.9	
安装		
灯具尺寸	1000mm×66mm×88mm	

安装尺寸图示部分包含：灯具、安装载体、安装螺丝、安装支架

2.3　基本计算方法

2.3.1　照度与亮度的关系

照度是指物体表面被照明的程度，单位是勒克斯（lx），而亮度则是光源或物体表面反射后进入人眼的光量，单位是坎德拉每平方米（cd/m^2）。照度是入射光，而亮度是出射光。也就是说，照度是被照物体接收到的光量，而亮度是这个物体反射或发射出来的光给人的感觉。比如在同一个照度下，不同材质的物体可能会有不同的亮度，因为反射率不同。

2.3.1.1　基本定义

照度（E）：表示单位面积上接收到的光通量（入射光），单位为勒克斯（lx）。公式为：

$$E = \Phi / A$$

式中，Φ 为光通量，lm；A 为被照面积，m^2。

亮度（L）：表示单位面积上沿某一方向发射或反射的光强（出射光），单位为坎德拉每平方米（cd/m^2）。公式为：

$$L = \frac{I}{A\cos\theta}$$

式中，I 为光强，cd；θ 为观察方向与法线的夹角，（°）。

2.3.1.2　核心关系

照度是入射光的度量，描述光"到达"表面的强度；亮度是出射光的度量，描述表面"反射或发射"后进入人眼的光强。两者通过表面反射特性（反射率 ρ）和几何

关系（如立体角）关联。

2.3.1.3 换算关系

对于理想漫反射表面（朗伯体），亮度L与照度E的关系为：

$$L = \frac{E\rho}{\pi}$$

式中，E 为照度，lx；ρ 为表面反射率（0~1，白纸约0.8，黑板约0.1）；π 为立体角积分引入的几何因子（源于半球空间积分）。

2.3.1.4 实例计算

场景：某桌面照度E=500lx，表面反射率 ρ =0.6，求亮度 L。计算式：

$$L = \frac{500 \times 0.6}{\pi} \approx \frac{300}{3.1416} \approx 95.5 \left(\text{cd/m}^2 \right)$$

结论：桌面亮度约为 95.5cd/m^2。

2.3.1.5 需要注意事项

（1）适用条件：公式仅适用于理想漫反射表面（朗伯体），镜面反射或复杂材质需修正。

（2）反射率影响：高反射材料（如镜面）可能不适用此简化公式。

（3）光源类型：自发光体（如LED）的亮度直接由发光强度决定，与照度无关。

2.3.2 照度与距离的关系

照度与距离的关系通常涉及点光源的平方反比定律，在这里假设光源为点光源。

2.3.2.1 基本定义

照度的定义和计算公式见2.3.1部分。

距离（d）：光源到被照表面的垂直距离，单位为m。

2.3.2.2 核心关系：平方反比定律

对于点光源（如灯泡、LED等），照度E与距离d的关系遵循平方反比定律。

$$E = \frac{I}{d^2}$$

式中，I 为光源的光强，cd，表示光源在某一方向上的发光能力；d 为光源到被照面的垂直距离，m；E 为被照面的照度，lx。

定律含义：当距离增加时，照度以距离平方的倒数衰减。例如：距离加倍（2d）时，照度降至原来的 1/4；距离变为3倍（3d）时，照度降至1/9。

2.3.2.3 公式修正（考虑入射角度）

若光线以角度 θ 斜射到表面（非垂直入射），需引入余弦修正。

$$E = \frac{I\cos\theta}{d^2}$$

式中，θ 是光线方向与表面法线的夹角。

垂直入射时（$\theta=0°$），$\cos\theta=1$，公式简化为平方反比定律。

2.3.2.4　实例计算

场景：一盏光强 $I=1000\mathrm{cd}$ 的灯，垂直照射桌面。

当距离$d=2\mathrm{m}$时：$E=\dfrac{1000}{2^2}=250$（lx）。

当距离增大到$d=4\mathrm{m}$时：$E=\dfrac{1000}{4^2}=62.5$（lx）。

结论：距离增大1倍，照度降至原值的1/4。

2.3.2.5　关键注意事项

适用条件：仅适用于点光源（光源尺寸远小于距离）；假设光在均匀介质中传播（无反射、散射或吸收）。

实际应用修正：扩展光源或复杂环境需结合积分或实测数据；多次反射光（如室内照明）会提高实际照度。

2.3.3　照度与光通量的关系

2.3.3.1　基本定义

照度的定义和计算公式见2.3.1部分。

光通量（Φ）：光源在单位时间内发出的可见光总量，单位是lm。它表征光源的"发光能力"。

2.3.3.2　核心关系（平方反比定律）

当光源为点光源且光线垂直照射时，照度与光通量的关系由平方反比定律决定。

$$E=\frac{\Phi}{4\pi r^2}$$

式中，E为照度，lx；Φ为光通量，lm；r为光源到被照面的距离，m。

意义：照度与光通量成正比（光源越强，被照面越亮）；照度与距离的平方成反比（距离增大，照度急剧衰减）。

2.3.3.3　举例说明（距离的影响）

示例1：若光源的 $\Phi=1000\mathrm{lm}$，在$r=1\mathrm{m}$处，照度$E=\dfrac{1000}{4\pi\times1^2}\approx79.6$（lx）；在$r=2\mathrm{m}$处，照度$E=\dfrac{1000}{4\pi\times2^2}\approx19.9$（lx）。

结论：距离加倍，照度减至1/4。

示例2：若想保持固定照度（如$E=100\mathrm{lx}$），光通量需随距离平方增加：$\Phi=4\pi r^2\times E$。例如，当$r=3\mathrm{m}$ 时，$\Phi=4\pi\times9\times100\approx11309$（lm）。

2.3.3.4　适用条件与扩展

点光源假设：公式适用于点光源或距离远大于光源尺寸的情况（如灯泡、恒星）。

非垂直照射：若光线与被照面夹角为 θ ，则照度公式修正为 $E=\dfrac{\Phi\cos\theta}{4\pi r^2}$ 。

面光源或线光源：平方反比定律不直接适用（如日光灯、LED面板），需根据具体光分布分析。

总结：照度是光通量在空间中的分布密度，其与光通量正相关，与距离平方成反比。掌握这种关系对照明工程、摄影等领域的光学设计至关重要。

2.4　设计手法及分类

↘ 2.4.1　室内照明

创造性地处理光线，就是将光的表现形式艺术化和戏剧化，巧妙地处理光影关系。通常使用色彩、质感和构图去创造视觉兴趣点，同时必须满足健康和安全的要求。按照不同的分类方式有多种分类，具体见表2-18。

表 2-18　室内照明的分类

分类方式	具体分类
按照射方向	漫射光、下照光、上照光、前照光、侧照光、聚射光灯、自发光等
按照明分布	一般照明、分区一般照明、局部照明、装饰照明、混合照明等
按照明功能	功能照明、氛围照明、混合照明等
按载体形式	住宅照明、酒店照明、办公照明、公建照明等

下面按照室内照明的分布方式进行阐述。

2.4.1.1　一般照明

一般照明是为照亮整个空间而采用的照明方式。一般照明通常是通过若干灯具在顶面均匀布置实现的，且同一视场内采用的灯具种类较少。特点是照度均匀，使空间显得稳定、平静，具有自然、安定之美。但能源消耗相对较大。灯具的布置服从顶面的形式感，提供整个空间的照明，而不采取针对性的照明处理。一般照明适用于无确定工作区或工作区分布密度较大的室内空间，如办公室、会议室、教室、等候厅等（图2-18）。

（a）地铁公共空间　　　　　　　　（b）会议论坛室内空间

图 2-18　一般照明区域（北京清瑜同绘规划设计有限公司提供）

2.4.1.2　分区一般照明

分区一般照明即对视场内的某个区域采取照度有别于其他区域的一般照明。分区一般照明是为提高某个特定区域的平均照度而采用的照明方式。分区一般照明不仅可以改善照明质量，满足不同的功能需求，而且可以创造较好的视觉环境。同时，分区一般照明有利于能源的节约。分区一般照明适用于空间中存在照度要求不同的工作区域，或空间内存在工作区和非工作区的室内环境。例如精度要求不同的工作车间、营业空间的服务台、商业空间的销售区等。

2.4.1.3　局部照明

局部照明是为满足某些区域的特殊需要，在空间一定范围内设置照明灯具的照明方式。

局部照明的组织方式、安装部位都相对灵活，采用固定照明或可移动照明均可，适用灯具的种类也很宽泛。局部照明不仅可以为特定区域提供更为集中的光线，使区域获得较高的照度，而且由于可以采用不同种类、不同投光效果的灯具，所以便于形成不同的光效果，塑造多变的光环境。局部照明的适用空间为：有较高照度需求的区域；由于空间位置关系而使一般照明照射不到的区域；因区域内存在反射眩光而需调节光环境的区域；需要特殊装饰效果的区域等［图2-19（a）］。

2.4.1.4　装饰照明

装饰照明是指以装饰为主要目的的独立照明，一般不担任基础照明和重点照明的任务［图2-19（b）］。为了对室内进行装饰处理，增强空间的变化和层次感，制造某种环境气氛，常采用装饰照明。使用装饰吊灯、壁灯、挂灯等装饰性、造型感比较强的系列灯具，来渲染空间气氛，以更好地表现具有强烈个性的空间。

2.4.1.5　混合照明

混合照明即由多种照明形式共同组成的照明方式。混合照明实质上是以一般照明为基础，在需要特殊光线的地方额外布置局部照明。混合照明可以使局部空间与整体空间的关系更好地融洽，利于增强空间感，明确功能性和创造适宜的视觉环境。通过采用混合照明，既可以形成丰富的光环境，同时也由于不同照明方式的差别产生了有秩序的亮度分布。混合照明适用于功能区域比较多的综合空间［图2-19（c）］。

（a）局部照明　　　　　　　　（b）装饰照明　　　　　　　　（c）混合照明

图 2-19　各类照明方式（北京清瑜同绘规划设计有限公司提供）

北京宁夏大厦大堂照明如图2-20所示。

2.4.2　室外照明

室外照明按照不同的分类方式分为多种类型，其中相互穿插多元因素。每种分类方式都有其特定的原因，例如按照产权归属分类，是在投资主体、建设模式方面区分；按照层次分类，是基本上对应城市规划、城市建设过程的技术分类；按照性质分类，不涉及经济和层次，只对照明的功能属性进行阐述分类（表2-19）。

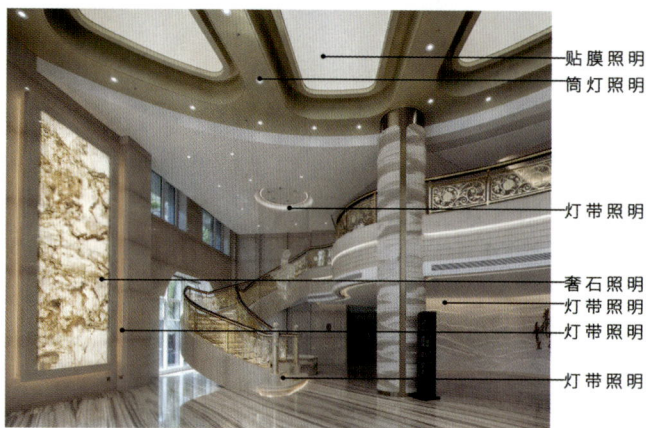

贴膜照明
筒灯照明

灯带照明

奢石照明
灯带照明
灯带照明

灯带照明

图 2-20　北京宁夏大厦大堂照明
（北京清瑜同绘规划设计有限公司提供）

表 2-19　室外照明的分类

分类方式	分类
按照载体分类	建筑照明、园林照明、广场照明、道路照明、桥梁照明等
按照性质分类	景观照明、功能照明等
按照层次分类	城市照明规划、照明工程设计、文旅灯光秀等
按照经济属性	市政基础照明、地产照明、文旅夜游等

下面按照层次分类方式，即城市照明规划、构筑物照明、园林照明、灯光秀等照明分类进行简述。

2.4.2.1　城市照明规划

城市照明规划是城市规划中的一个重要组成部分，旨在通过合理的照明设计和布局，实现功能性、美观性和节能性的统一。从功能性角度来看，城市照明规划需要满足人们在夜间出行、活动的基本需求，保障交通安全和治安防范。例如，道路照明要确保足够的亮度和均匀度，使行人和车辆驾驶人能够清晰地看到道路状况；公共空间如广场、公园的照明要便于人们的休闲和社交活动。在美观性方面，城市照明可以作为一种艺术表达手段，突出城市的特色和文化内涵。通过对标志性建筑、景观节点的重点照明，塑造独特的城市夜景形象，提升城市的吸引力和魅力。节能性也是城市照明规划不可忽视的重要因素。采用高效节能的照明设备和智能化的控制管理系统，能够在满足照明需求的前提下，降低能源消耗，减少光污染。此外，城市照明规划还需要考虑照明设施的布局合理性，避免过度照明或照明不足的区域出现。同时，要与城市的整体发展规划相协调，与建筑风格、周边环境相融合。

总之，科学合理的城市照明规划有助于提高城市的生活品质、促进经济发展、展示城市文化，并实现可持续发展的目标（图2-21）。

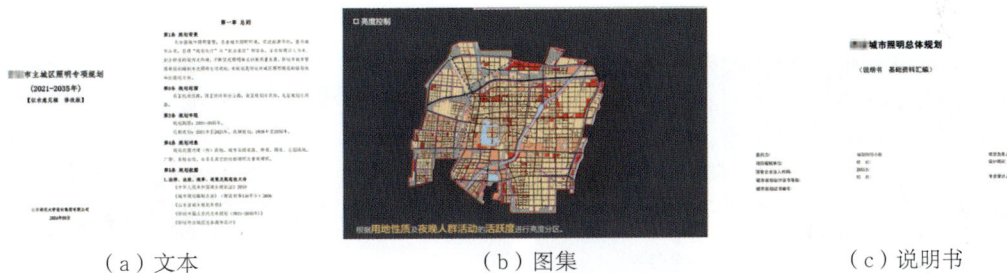

（a）文本　　　　　　　　　　（b）图集　　　　　　　　　　（c）说明书

图 2-21　照明规划的成果样式

2.4.2.2　城市照明设计

城市照明设计的本质是从策划、概念设计、施工图设计到现场技术支持一整套的过程，是一项复杂而综合的工作，旨在通过精心创意规划和布置照明设施，为城市营造出安全、美观、舒适且具有特色的夜间环境。

在进行城市照明设计时，首先要明确设计目标。这包括增强城市的辨识度和吸引力，改善夜间交通安全性，提升居民和游客的夜间活动体验，以及展现城市的文化和历史底蕴等。

安全性是设计的首要考量。道路、人行道和交通枢纽需要充足且均匀的照明，以确保行人和车辆的清晰视野，减少事故风险。

对于建筑和景观的照明设计，要根据其特点和重要性进行有针对性的处理。对于重要的地标性建筑，可以通过独特的照明手法突出其造型和特色，使其成为城市夜景的焦点和标识。而对于一般性建筑，则应注重整体的协调性和统一性。

色彩和亮度的选择也至关重要。适宜的色彩能够营造出特定的氛围和情感，比如温暖的黄色光可以营造温馨舒适的感觉，而冷色调的光则可能更显现代和科技感。亮度的控制要避免过亮或过暗，既要突出重点，又要保持整体的平衡。

节能和环保也是现代城市照明设计的关键要素。采用高效节能的灯具和智能控制系统，根据不同时段和需求自动调整照明亮度，既能节约能源，又能减少光污染对生态环境的影响。

此外，城市照明设计还需要考虑维护和管理的便利性，确保照明设施能够长期稳定运行，为城市的夜间形象持续增光添彩。

总之，城市照明设计是一门融合了艺术、技术的学科，需要综合考虑多方面的因素，以打造出具有魅力和可持续性的城市夜间景观（图2-22）。

（a）银川某建筑照明　　　　　　　　　　（b）苍南高铁片区区域照明设计

（c）机场口复绿工程-花开温州　　　　　　（d）龙方桥夜景照明

图 2-22　城市照明设计

2.4.2.3　文旅灯光秀

文旅灯光秀（灯光节）也属于城市照明设计的一种，文旅灯光秀是一种将文化、旅游与灯光艺术相结合的创新型表现形式。它以灯光为画笔，以建筑、景观等为画布，通过巧妙的灯光布局、色彩搭配和动态变化，展现出特定的文化主题和故事。主要目标是实现文化旅游，为市民及游客提供一场或多场视觉动态盛宴。

文旅灯光秀具有多方面的重要意义。在文化传承方面，它能够将历史文化、民俗风情等元素以生动直观的方式呈现出来，让观众更深入地了解和感受当地的文化底蕴。对于旅游发展，它能极大地提升旅游目的地的吸引力和竞争力，延长游客的停留时间，增加旅游消费。同时，文旅灯光秀也为城市或景区创造了独特的夜间景观，丰富了居民和游客的夜间生活体验。

从表现形式上看，文旅灯光秀通常运用先进的灯光技术，如投影、激光等，结合音乐、音效和多媒体特效，营造出极具震撼力和感染力的视听效果。场景的设计可涵盖历史故事的重现、自然风光的描绘、神话传说的演绎等，给观众带来沉浸式的观赏体验（图2-23）。

（a）黄果树夜游　　　　　　　　　　　　（b）佛山里水花月夜

图 2-23　文旅灯光秀形式（良业科技集团股份有限公司提供）

在实施过程中，文旅灯光秀需要充分考虑场地条件、观众流线、安全保障等因素。同时，要注重与周边环境的融合，避免对生态和历史遗迹造成破坏。

总之，文旅灯光秀作为一种新兴的文旅融合方式，为文化传播和旅游发展注入了新的活力，成为推动地方经济和文化繁荣的有力手段。

2.5　城市照明智能控制系统

2.5.1　概述

随着城镇化的发展，城市照明蓬勃发展。截至2023年年底，全国路灯照明设施量约3481.7万盏，景观照明设施量超1.2亿盏，全年用电量超230亿千瓦·时，LED等高效节能灯具使用占比超60%，建成照明数字化系统的城市约10%。如此巨大的能源消耗，需要智慧化城市照明控制系统作为"大脑"进行集中控制、监测、治理。

城市照明控制系统是指运用现代信息技术、自动控制技术、通信技术等手段，对城市中的路灯、景观灯等照明设施进行集中管理、监测和控制的系统。

该系统通常由传感器、控制器、通信网络和管理平台等部分组成。传感器负责采集环境光照、人流量、车流量、电压、电流、漏电监测等数据；控制器根据预设的策略和采集到的数据，对照明设施的开关、亮度、色温、计算、形成报告等参数进行调节；通信网络用于实现传感器、控制器与管理平台之间的数据传输；管理平台是整个系统的核心，用于对采集的数据进行分析处理，下达控制指令，实现远程监控、故障报警、能耗统计等功能。

城市照明控制系统的目的是提高照明设施的管理效率和服务质量，实现节能减排，降低运维成本，同时为城市居民提供更加安全、舒适和美观的夜间环境。

↘ 2.5.2　历史发展

根据城市照明智能控制系统的实施范围、控制方式、控制深度三个维度作为初步划分依据，可将其分为三个阶段：单体手动半自动控制阶段、区域远程自动遥控阶段、整体智慧集中控制阶段。

2.5.2.1　单体手动半自动控制阶段

此阶段以室外单体构筑物、单独公共空间、单条道路照明等为控制范围，以传统强电流电路开关、半自动控制作为控制方式。控制元件包括时钟定时开关控制、光学传感回路控制、交流接触器和时控继电器。缺点是控制不能系统化，不能联动，不能同步操作，没有同步数据反馈等。一旦设置好照明状态，就必须一一操作，既费时又费力。

2.5.2.2　区域远程自动遥感控制阶段

此阶段从有到精，拥有多栋建筑、多个空间区域，区域内照明载体表现内容单一。主要通过GPS网络、无线网络、电力载波等接入互联网，实现端到端的照明控制。遥控方式从"三遥"向"五遥"升级；集数据采集、处理、存储、统计、汇总、分析、发布、应用为一体的信息管理平台；具有初步状态显示、数据统计初步分析、报警功能，具有定位图显示、资源分配、外部审批等业务功能；智能化、可视化的设施管理和运行监控系统；应急安全预案管理、应急事件管理等功能；具有点灯率精确计算、电能质量分析、漏电流检测、监控终端自运行、自动定时、单灯监控、远程抄表、多类型终端接入操作、资产管理、GPS（全球定位系统）定位、查询分析、统计打印等功能。

2.5.2.3　整体智慧集中控制阶段

城市照明智慧控制系统作为智慧城市建设的核心组成部分，构建了一个以城市为基本管理单元的整体智慧集中控制体系。该系统依托新一代通信技术（如5G、NB-IoT等）的高带宽、低时延特性，通过光纤通信网络实现与智慧城市管理中心的实时互联。系统以网络宽带和各类触感采集设备为基础，实时采集和传输照明设备的运行状态数据，同步掌握灯光设备动态，无损呈现城市夜景照明效果。同时，系统具备快速响应和执行监控指令的能力，确保照明控制的实时性和可靠性。在数据管理方面，系统通过智能传感器和数据采集设备，形成城市照明基础数据库，并结合机器学习、深度学习等智能算法模型，对历史数据进行深度挖掘和趋势分析，为照明管理策略的优化提供科学依据。此外，系统能够自动生成优化方案，为城市照明的科学决策提供可靠的技术支撑，满足精细化和智能化的管理需求，为行业监管和政府决策提供可靠的数据基础。

在安全防护方面，针对国家重大活动等关键场景，系统采用了三级等保安全防护措施，并通过专用光纤宽带通信确保数据传输的可靠性。同时，系统设计中预留了人工硬切换接口，作为冗余机制确保极端情况下的系统安全和稳定运行。通过上述功能的实现，城市照明智能控制系统不仅显著提升了城市照明的品质和节能效果，还极大地增强了城市照明的管理水平，为城市形象提升和居民生活品质改善提供了有力的技术保障。

2.5.3　控制系统重点案例

自2008年北京奥运会成功举办后，我国的城市夜景形象得到前所未有的提升，其中控制系统在城市景观照明的蓬勃发展中功不可没，建设了许多优秀的经典项目。

2.5.3.1　G20峰会灯光表演项目

2016年二十国集团领导人峰会（以下简称G20峰会）杭州景观照明灯光表演项目，其亮点在于多区域照明系统与集中管理平台"一刀开关控制系统"的联动。G20峰会钱江新城项目主要在30多座高层建筑上安装了70万个点光源，展现了2km长、超尺度画面，主要视觉观测点为城市阳台和新城对岸的奥林匹克体育场区域。与此同时，钱塘江沿岸17km长的其他近200座建筑也点亮了气氛灯光。G20峰会西湖区域《印象西湖G20版·最忆是杭州》大型水上情景项目，集中控制系统平台拥有一个主核心操控系统、8个分区域控制中心、7个次级区域触控点、60余个室外照明控制采集点和1.5万套可调色温的LED光源灯具，并将双控制系统、双传输通道、信号检测、数据反馈、GIS（地理信息系统）和便携式移动终端平台六大功能集成同时实现。以专项光纤光缆信号控制为主光缆传输信号方式，无线信号传输为辅助的信号传输方式，提高了活动期间的信号顺畅性、技术可靠性和时间及时性，弥补了风景园林景区信号弱的缺陷。此外，各区域"统一控制"与子系统的"独立控制"系统同时运行，提高了中心与各区域单元的区域中心性（图2-24）。

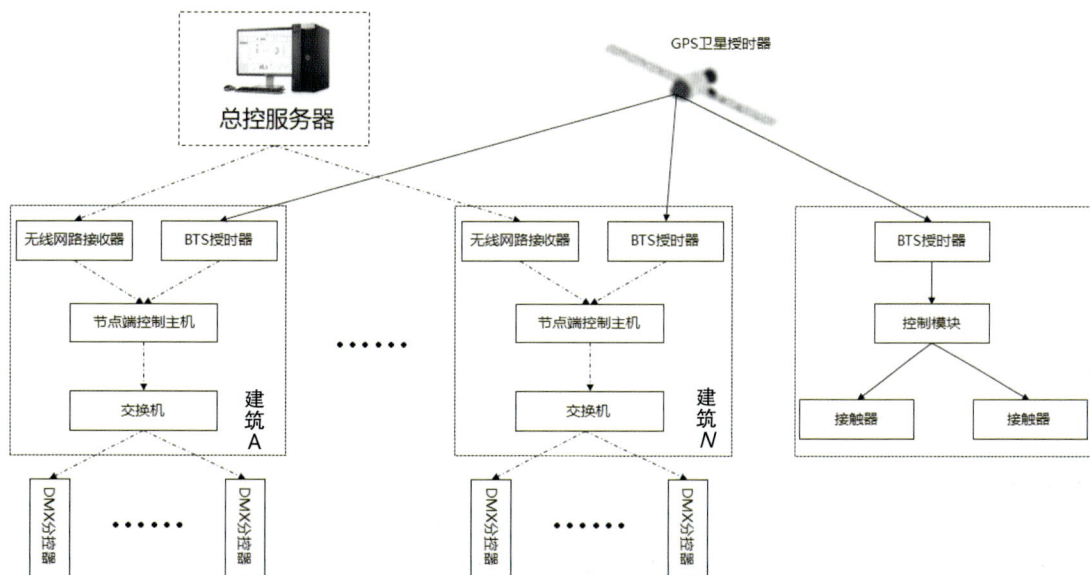

图 2-24　类似控制系统架构

采用RDM系统和GIS，实现对照明设备在线状态监测反馈、信息报警功能、快速定位维修，提高景区照明系统的完好率。属于景观照明行业首次大规模使用4G无线组网，解决现场无法敷设光纤问题。

2.5.3.2 沈阳中街400年老街繁华再现项目

国家首批试点步行街的沈阳中街于2020年9月25日升级后启幕开市，打造了一场氛围式、沉浸式、体验式、游戏式的灯光表演，并结合高科技手段，深度挖掘盛京皇城的历史文化底蕴，动情讲述400年古老中街的繁华与往事（图2-25）。

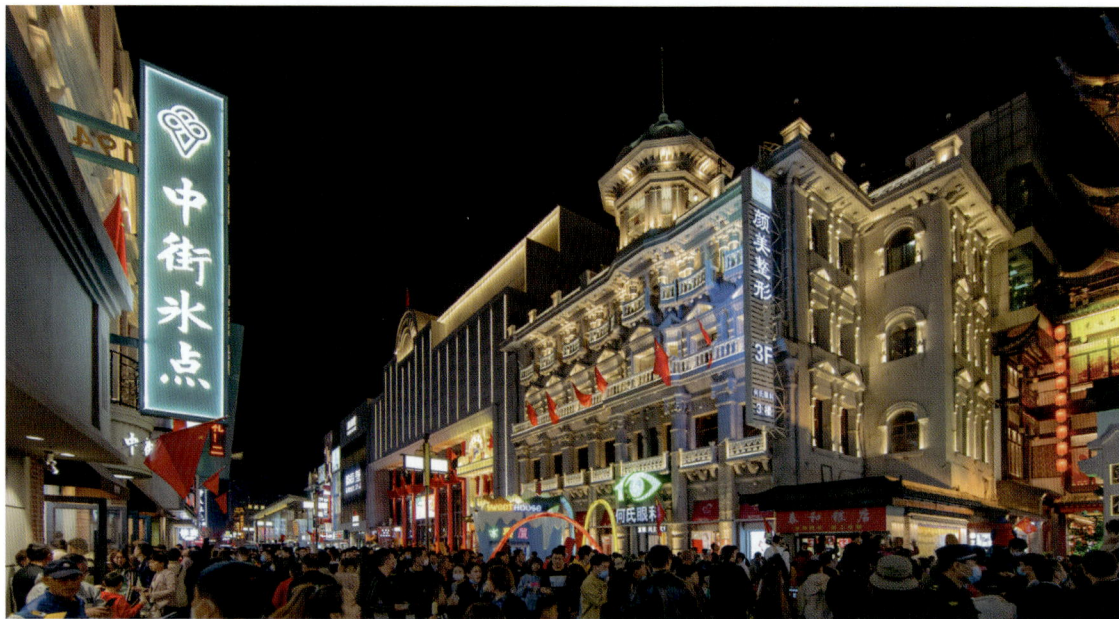

图 2-25 沈阳中街夜景实景（深圳爱克莱特科技股份有限公司提供）

沈阳中街亮化工程，利用物联网、大数据、云平台技术，打造功能齐全、运行高效、操作灵活、扩展性强、安全可靠的智慧景观照明云控平台。EXC～ECCP4.0云控平台集成基础灯光、表演灯光、文化灯光、互动灯光、游戏灯光等一体化综合智能管控平台。运用综合集成的智慧景观照明云控平台，可以实现对整个项目的可视、可控、可管理，为项目稳定运行提供有效保障。

沈阳中街
夜景实景

沈阳中街景观照明综合智能管控平台一体化整体系统包括：智慧灯光、强电管理、地图工况、智能监控、运维管理和移动管理端等功能。移动管理端，在移动平台中集成了不同的功能模块，既满足了项目的实际操作需求，又达到了移动应用的便捷、快速（图2-26）。

图 2-26 沈阳中街景观照明综合智能管控平台（深圳爱克莱特科技股份有限公司提供）

沈阳中街亮化工程云控平台具备以下特点。

（1）强大的带载能力。智慧云控系统脱离传统的CS（客户端/服务器）架构，采用BS（浏览器/服务器）架构，具有强大的带载能力，可无限扩展。一般控制系统在超过一定数量节点时会导致系统崩溃，智能云控系统控制节点不受限制。

（2）强大的数据处理能力。智慧云控系统将诸多系统的数据融合，并将大数据处理框架部署在云服务器、分控中心和节点终端，具有强大的数据处理能力。

（3）智能运营。智慧云控系统采用基于人工神经网络的人工智能算法，实现了对故障的智能化发现、诊断和告警，实现了全程无人参与，智能识别项目故障发生点和产生问题的原因。

（4）多重安全架构。智慧云控系统通过核心设备和数据的双重备份，实现灾难快速恢复功能。集成和提供了专业的信息系统网络安全方案，对系统入侵、病毒、木马以及漏洞等具备良好的抵御和发现能力，并可智能判断传输图像的性质，对操作错误形成的差错图像进行过滤和用户提示。

楼宇侧智能化弱电效果控制设备是项目联动控制的核心部分，本项目的控制设备采用新一代的数字视频处理技术，以优化的算法模型为核心的智能专业灯光控制软件，实时海量数据处理技术，完美还原视频源色彩处理，同步流畅再现完美视频（图2-27）。

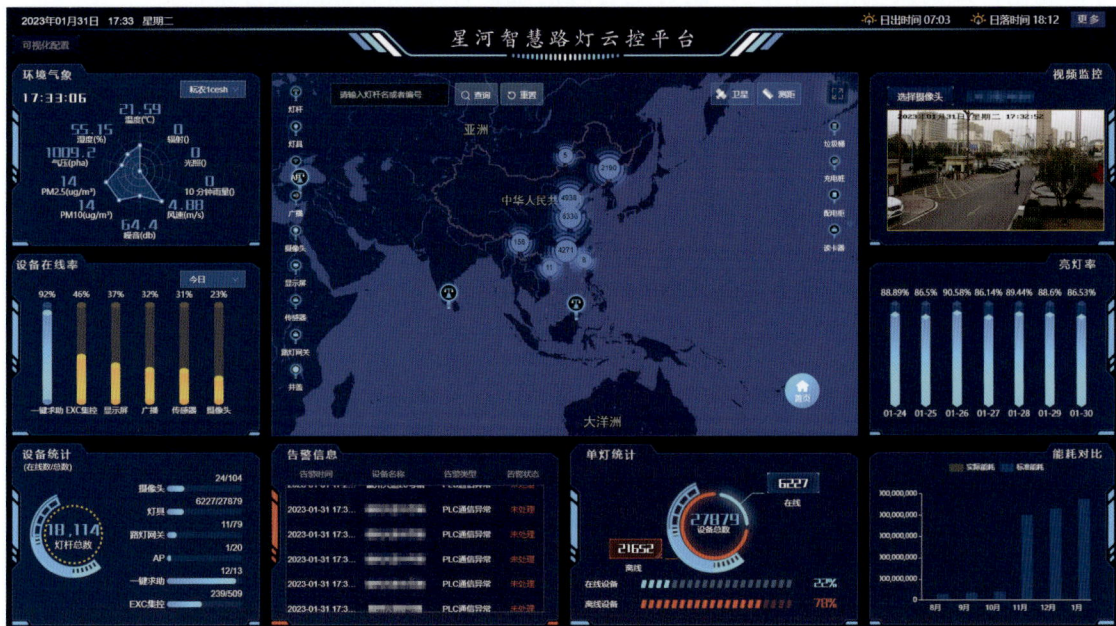

图 2-27　沈阳中街景观照明综合智能管控平台（深圳爱克莱特科技股份有限公司提供）

↘ 2.5.4　未来发展趋势

按照相关文献统计，目前全国已有10%左右的城市建成城市照明数字化控制系统。按照《城乡建设领域碳达峰实施方案》要求：到2030年，城市中LED等高效节能灯具使用占比超过80%，30%以上城市建成照明数字化系统。《"十四五"全国城市基础设施建设规划》要求通过LED等绿色节能光源替换、加装单灯控制器，实现精细化按需照明。《"十四五"新型基础设施建设规划》提出：融合基础设施与信息基础设施共建共享。在智慧城市管理设施建设中，路灯杆、信号杆、电力杆塔等都是感知设备的重要载体，应按照多功能杆塔方式统筹部署，根据需要为移动基站天线、摄像头、RSU（车联网路侧单元）等预留条件。全国大部分城市建设城市照明控制系统的空间还比较巨大，那么对于未来，预测有如下发展趋势。

（1）互联互通。通过物联网技术，将城市中的各个照明设备连接成一个统一的网络，实现远程监控、管理和维护，提高系统的运行效率和可靠性。

（2）节能环保。随着对可持续发展的重视，未来的城市照明控制系统将更加注重能源效率，采用更高效的照明灯具（如LED技术）和能源管理策略，以减少能源消耗和碳排放。

（3）多功能集成。除了提供照明功能外，城市照明控制系统可能集成其他功能，如环境监测（空气质量、噪声等）、公共安全监控（摄像头集成）、无线网络热点等，提高城市基础设施的综合利用效率。

（4）个性化与场景化。根据不同的城市区域、用途和时间，提供个性化的照明方案，例如商业区的动态照明、文化区域的特色照明、住宅区的安静舒适照明等。

（5）数据分析与优化。通过收集和分析大量的照明系统运行数据，进行精准的预测和优化，提前发现潜在问题，制订更合理的维护计划和资源配置方案。

（6）安全与可靠性提升。采用加密技术和安全协议，保障照明系统的网络安全，防止恶意攻击和数据泄露。同时，提高系统的抗干扰力和容错力，确保在各种复杂环境下稳定运行。

（7）与智慧城市融合。成为智慧城市整体架构的重要组成部分，与交通、能源、环保等其他城市系统进行协同工作，共同提升城市的运行效率和居民生活质量。

综上所述，未来的城市照明控制系统将更加智能、节能、多功能、安全和与城市发展紧密融合，为人们创造更美好的城市生活环境。

第 3 章

城市照明规划与
工程设计规程

3.1　城市照明规划规程

3.1.1　城市照明规划概述

城市照明总体规划的目标是整合城市尺度内所有空间要素，以便照明在视觉上相互补充而不是相互分散，不仅要考虑基本的功能照明，还要考虑照明设计的审美和情感方面。总体规划可以涉及整个城市或选定的城市元素的照明，比如重要的功能区或城市的一部分，例如历史中心或重新开发的工业区。对于一个给定区域，功能照明和建筑照明必须整合到一个总体规划中，而不是孤立的事件。城市照明总体规划对于城市的发展、居民的生活以及环境的保护都具有重要意义。

按照住房和城乡建设部颁发的《城市照明建设规划标准》（CJJ/T 307—2019）规定，城市照明建设规划应分为城市照明总体设计、重点地区照明规划设计和城市照明建设实施三个阶段，各阶段间应保持一致性和延续性。其中对规划层面的概念定义有四条。

（1）城市照明建设规划（construction planning of urban lighting）。这是对一定时期内城市照明规划设计、建设实施和运维管理的综合部署。

（2）城市照明总体设计（general design of urban lighting）。这是对一定时期内的城市照明分区、结构、系统的综合部署，为重点地区照明规划设计和照明建设实施提供依据和指导。

（3）重点地区照明规划设计（lighting planning for key area）。这是对城市重点地区的照明建设与发展所做的具体安排，为重点地区照明的建设实施提供依据和指导。

（4）城市照明分区（urban lighting zoning）。城市照明分区就是依据城市发展目标、空间结构、风貌特征、功能属性等，划分不同类型的照明控制区，并提出照明控制原则与要求。

城市照明规划以科学合理的方式，统筹考虑城市的功能布局、空间结构、人文特色、生态环境等多方面因素，明确城市照明的目标、原则和策略，对城市不同区域、不同类型的照明设施（包括道路照明、景观照明、建筑物照明等）进行规划布局和设计引导。旨在通过优化照明效果，创造安全、舒适、美观、节能且具有独特城市特色的夜间光环境，提升城市的整体形象和品质，促进城市的经济发展和社会生活的繁荣。同时，城市照明总体规划还需考虑照明设施的运行维护、节能环保以及对周边生态和居民生活的影响等诸多方面。

3.1.2　城市照明规划大纲

城市照明规划应被视为各种照明元素都必须适合的一个框架。个体和不协调的举措可能对这个目标的实现适得其反，因此应予以劝阻。作为起点，进行提供规模概念的分析可能有所帮助，例如整个城市、地区和个别区域的视图。这样的分析需要检查城市建筑形式的各个元素，它们如何相互关联，以及在夜间观看时它们应该在多大程度上被描述为单独的元素。这项工作决定了总体规划的基本政策。

3.1.2.1　规划大纲

《城市照明建设规划标准》（CJJ/T 307—2019）中要求，规划大纲应包括以下主要内容：

①确定总体建设目标和原则；
②进行城市照明分区；
③明确城市照明总体结构；
④建立照明要素系统；
⑤布局夜间公众活动场所；
⑥提出功能照明建设和节能环保要求；
⑦制订建设计划、运营、维护和管理要求等。

重点地区照明规划应包括下列内容：

①确定规划设计目标及策略；
②确定照明载体的亮（照）度水平、光源颜色、照明动态模式等的层级，并提出具体控制指标；
③确定典型照明对象，并对其主题、风格、效果等提出照明设计要求；
④提出节能与环保、维护与管理的要求；
⑤提出投资及能耗估算；
⑥制订建设计划。

3.1.2.2　城市照明规划成果

城市照明规划成果包含不限于以下内容。

①规划文本：表达规划的意图、目标和对规划的有关内容提出的规定性要求。
②规划图纸：用图像表达现状和规划设计内容。
③说明书、附件：包括规划说明书和基础资料汇编，规划说明书的内容是分析现状、论证规划意图、解释规划文本等。

3.1.3　重点城市照明规划案例

根据相关统计，现在国内只有30%左右的城市制定了城市照明规划，按照《城市照明管理办法》的要求，还有巨大的提升空间。

已经制订了城市照明规划的城市，以上海和重庆为例。上海市政府近期批复同意的《上海市景观照明规划（2024~2035年）》具有多方面特点。该规划明确了核心区域、重要区域、禁设区域和其他区域，合理划定四至范围；明确常态、节假日、重大活动三种照明模式；建立了景观照明控制指标体系。其提出将用12年全面完成景观照明总体布局，至2035年建成世界领先的全球卓越城市景观照明典范，向世界展示典雅精致、温馨舒适、繁华时尚、流光溢彩的城市夜景形象。上海将形成"一城多

'新',五带多点"的景观照明总体布局,其中"一城"指上海主城区(包括外环以内的中心城区和虹桥、川沙、宝山、闵行4个主城片区),"多'新'"指嘉定、青浦、松江、奉贤、南汇"五个新城"及崇明城桥、金山城区构成的辐射长江三角洲的外围城市群,"五带"指黄浦江沿岸、苏州河沿岸、延安高架至世纪大道沿线、内环高架沿线、南北高架沿线,"多点"指全市范围内的公共活动中心、主城副中心、新城中心、重要商圈、商业街区以及公共文化设施、主要旅游景区、重要交通枢纽、产业园区节点等。同时,该规划划定了外滩、小陆家嘴、北外滩3个核心区域,以及58个重要区域;提出点亮"15分钟社区生活圈",提升建成区绿道、口袋公园、广场、综合性公园等开放空间照明,对功能照明和景观照明融合建设提出了明确要求;还强调塑造"海派历史风貌夜景",保护历史建筑、风貌街区、革命遗址、工业遗存等传统风貌,传承"最上海"的城市文脉;并计划打造"世界著名夜游城市",结合红色文化旅游体系、"一江一河"水上旅游体系等,推进沿线景观照明设计、建设、运行及更新,以及创办上海国际光影节。

重庆市出台的《重庆市中心城区城市景观照明专项规划(2022~2035年)》提出的总体目标是:打造具有山水风韵、巴渝风采、国际风范的山城夜景名片,建设全国一流的景观照明,突出城市"夜赏、夜玩"功能,适应经济发展对景观照明的需求,助力重庆建设国际消费中心城市。按照"大视角、宽视场、地标性、整体性、现场感"的要求,该规划设计了景观照明核心展示区("两江四岸"核心区)、景观照明活力发展区、景观照明过渡区和景观照明控制区四大分区,面积2107km²。

除了上海、重庆外,国内还有南京、杭州、青岛、济南、广州、张家港等城市有独特的城市照明规划。其他城市也在根据自身的特点和需求,不断完善和优化城市照明规划,以提升城市的夜间形象和品质,促进经济、文化和社会的发展。这些规划通常会考虑城市的功能布局、文化特色、节能环保、市民需求等多方面因素,旨在创造出具有独特魅力和可持续性的城市夜间光环境。城市照明规划是一个动态的过程,会随着城市的发展和变化进行调整及更新。

3.2　照明设计的一般流程

3.2.1　照明设计概述

照明设计是指根据特定的场所、环境和需求,综合运用光学、电学、美学、建筑学等多学科知识,对人工照明系统进行规划、布局、选型和参数设定的过程。

有学者将我国照明设计的发展总结为以下三个阶段。

(1)"亮起来"(1989~2002年)。以上海外滩夜景提升为起点,城市夜景亮化正式起步,开启了我国景观照明的新篇章。随后在北京、广州、深圳等大城市浮现并逐步影响到全国。但此阶段仅仅是亮起来了，审美存在缺失。例如上海外滩的欧式古典建筑都是勾勒灯光轮廓，亮而不美，甚至破坏了建筑的美。

（2）"美起来"（2003~2012年）。在该阶段，以杭州西湖为代表的夜景从"亮起来"向"美起来"转变。技术对于建筑、植物等的表现手法开始转变，不再简单勾勒建筑边缘，而着重特色结构、立面纹理，对植物不再进行绿色投光，而是用高显色的暖白光，让植物更加美丽，更加宜人。空间上注重区域空间内色温层次、对比协调、光影疏落。文化上与城市历史、人文风情、风景旅游相融合。综合运用借景、对景、剪影、落影等多种中国造园的手段，或亮或暗，打造一幅感人的画卷。

（3）"动起来"（2013年至今）。随着 LED 和通信技术的快速发展。2013年，南昌赣江"一江两岸"滨水建筑外立面，实施了超大规模文旅灯光秀。2015年10月，吉尼斯世界纪录官方认定其为世界上"最多建筑参与固定性声光秀"纪录，开启了中国城市照明"动起来"的新时代。2016年G20杭州峰会期间，杭州钱江新城滨水区域，近40组建筑的主题灯光秀风靡全国，从此媒体立面灯光表演形式成为城市夜游爆点"IP"方式之一。每逢春节、国庆等重大节日，媒体立面成为宣传城市形象、渲染节日气氛、提升文旅夜游经济的主要方式之一。

3.2.2　照明设计及实施的流程

3.2.2.1　照明设计的阶段

按照《城市照明建设规划标准》（CJJ/T 307—2019）中规定，照明建设方案应符合城市照明总体设计、重点地区照明规划设计、城市设计及相关规划要求，包含方案设计、初步设计、施工图设计三个阶段。

①方案设计应提出符合地区风貌、载体特征的设计目标和理念，并进行主要场景模式的方案效果展示、投资及能耗估算。

②初步设计应编制设计说明；绘制灯具布置图、控制原理图和供配电系统图；对设备进行选型，提供主要设备或材料表；编制工程概算。

③施工图设计应编制设计说明；绘制灯具布置图、安装大样图、供配电系统图、管线布置图及控制系统图；提供主要设备或材料表；编制工程预算。

在整个照明设计流程中，每个阶段的工作量都是不同的。按照行业惯例，可参考《照明工程设计收费标准》（T/CIES 002—2016）和《工程勘察设计取费标准》（2002版本）等相关工作量的认定。

3.2.2.2　照明施工管理

①照明施工应按照照明建设方案的施工图设计进行，并应符合国家现行标准的规定。

②照明施工过程中可根据实际工程需要，进行灯光效果试验和调试，使照明效果应达到照明建设方案设计要求。

3.2.2.3　运营维护管理

①应对城市照明的开闭时间、照明模式、整体效果提出控制要求。

②城市照明应依据城市照明设施的维护标准和监管办法，加强安全检查和检测，

做好照明设施日常维护，保障照明设施安全正常运营。

③通过安全检测和评估，对影响照明安全和照明效果的照明设施，应及时予以修复、回收、更换。

其目的在于提供适宜的光照环境，满足人们在视觉功能、舒适度、安全性、节能性以及营造氛围等方面的要求。照明设计不仅要考虑照明的数量（亮度、照度），还要关注照明的质量（光色、显色性、均匀度、眩光控制等）。

3.2.3　城市景观照明案例介绍

3.2.3.1　北京世园会夜景提升

北京世园会妫汭剧场坐落在妫汭湖畔，其是一座"翩跹彩蝶舞动"造型的建筑，承担着北京世园会期间，各类大规模主题展演、演艺、文化活动和大型集会活动。为打造"蝴蝶"造型，妫汭剧场的主体为悬挑结构，大跨度悬挑钢桁架支撑结构中的最大悬臂尺寸可达120m×155m，最大悬挑为47m。剧场的屋面铺装采用了多色彩ETFE（乙烯-四氟乙烯共聚物）超薄膜结构，呈现深红、深绿、橙色、蓝色、红色、绿色6种颜色。为了让"彩蝶"翼部栩栩如生，妫汭剧场采用了铝合金丝勾花网进行装饰。该工艺采用了传统手工编织技法和三维立体建模的新技术，模拟了蝴蝶羽翼下的复杂脉络，通过现代科技和传统手工的融合彰显了建筑中的工匠精神。妫汭剧场的舞台有6个升降台、29根升降柱以及一座长200多米、最高点达36m的威亚塔等。夜景照明灯带总长900m，由2451盏投光灯构成。北京世园会夜景如图3-1所示。

图3-1　北京世园会夜景

3.2.3.2　郑州如意楼夜景照明

郑州如意楼的正式名称为千玺广场，它是郑州市的著名地标建筑，位于如意湖畔。每当夜幕降临，如意楼的灯光秀成为郑州最具魅力的夜景之一。夜晚的如意楼灯光璀璨，金黄色的外观在夜色中熠熠生辉，仿佛一颗璀璨的明珠，与周围的摩天大楼相映成趣。灯光秀不仅展示了河南的城市建设和发展新形象，也点亮了万千郑州人心中的那盏灯［图3-2（a）］。

3.2.3.3　济宁曲阜蓼河夜游

济宁曲阜蓼河打造的《久仰·曲阜》夜游项目，是全国首个纪实情景行浸式文化朝圣夜游项目。本案以"传千年之经义，燃万古之明灯"为立意，溯源曲阜千年历史，讲述圣城千年文脉传承的动人故事［图3-2（b）］。

（a）郑州千玺广场（良业科技集团股份有限公司提供）

（b）曲阜蓼河夜游项目（奥斯福集团有限公司提供）

图 3-2　城市景观照明案例

我国城市景观照明的优秀案例还有很多，其通过创新的理念和灯光技术，结合区域发展规划及"以人为本"的宗旨，为城市和景区增添了独特的魅力及氛围。

第 4 章

照明规划设计方法

4.1　设计前期

4.1.1　项目缘起

（1）重大事件驱动。某些重大事件的发生，如重要会议、大型赛事、庆典活动等，促使城市需要打造新的形象代表，以提升城市的知名度和影响力。通过精心规划和设计街道景观照明，可以营造出独特而吸引人的夜间氛围，从而拉动土地价值，促进城市的经济发展。

（2）夜游经济发展。随着人们生活水平的提高，夜间旅游逐渐成为一种新兴的旅游方式。为了满足游客的需求，开发夜间旅游产品，塑造独特的夜游路径变得至关重要。通过巧妙的街道景观照明设计，可以营造出浪漫、神秘、富有特色的夜间景观，吸引更多游客前来体验，进一步拉动旅游经济的增长。

（3）既有设施更新。随着时间的推移，已有照明设施可能变得陈旧过时、效果不佳，无法满足现代城市的发展需求。这些设施存在亮度不足、能耗高、维护困难等问题，影响街区和街道的整体形象及吸引力。因此，需要对这些照明设施进行统一的提升改进，以提高照明质量和能效，提升城市的品质。

4.1.2　设计调研及资料收集

4.1.2.1　实地调研

实地调研工作主要分为现场勘测调研、深化及施工图设计调研，两者调研的目的与侧重点不同。

（1）现场勘测调研。在方案设计前期进行，目的是针对设计范围内建筑、道路（车行空间、人行空间等）、植物景观等白天与夜间整体的现状及使用人群的偏好进行初步调查，掌握不同区域的特点和需求，侧重于宏观层面的把握，从而为街道提供因地制宜、切实可行又具有创新性和可行性的夜景照明方案。

（2）深化及施工图设计调研。在概念方案通过后、施工图绘制开始前，目的是为深化和施工图设计提供准确细致的依据，确保灯具选择、安装节点和照明效果符合要求，侧重于微观层面的精确性和合理性，对范围内每个载体的被照面的尺寸、材质、安装条件、防眩光等进行准确细致的调研，保证设计可落地实施，确保灯具选择的准确性、安装节点的合理性、照明效果的舒适性。对于改扩建街道夜景照明项目，在实地调研时应注意现状街道、建筑、景观载体细部结构，选取适宜的照明手法、灯具参数及安装位置，尽量做到"见光不见灯"，避免对白天景观造成破坏。

4.1.2.2　收集资料类型

不同设计阶段的调研在技术资料收集方面存在一定的差异，收集资料归类如下。

（1）规划类。包括城市总体规划、城市照明专项规划、交通规划图等与该区域规划定位相关的资料。

（2）设计类。包括基础航拍图、用地红线、道路现状苗木测绘图、景观设计方案及CAD图纸（种植图、节点大样图等）、建（构）筑物方案及CAD图纸、历史文化条件、基地及周边区域地形平面图（含等高线的基地地形平面图）、建（构）筑物立面改造效果图与CAD图纸（含立面图和剖面图、幕墙CAD图纸、节点大样图等）。

（3）照明电气类。包括建筑及景观电气施工CAD图纸、现状灯具规格书、供电点位图、用电负荷、照明配电系统图、控制系统图及设备规格参数等。

（4）维护管理类。包括城市照明地方标准及法规、城市照明管理办法、城市照明控制办法（道路照明及夜景照明启闭时间及照明模式）、城市照明管理部门各年度工作总结。

4.1.3　方案设计阶段调研载体分类

在方案阶段，载体调研范围通常大于实际设计范围，并涵盖周边第一视觉影响区内的显著载体，如建筑、道路、园林景观和构筑物等类别，以下对每个类别进行具体说明。

4.1.3.1　建筑调研

建筑调研以调研顶部、中部、底部（入口、商业空间等）、特殊结构/造型为主（图4-1）。

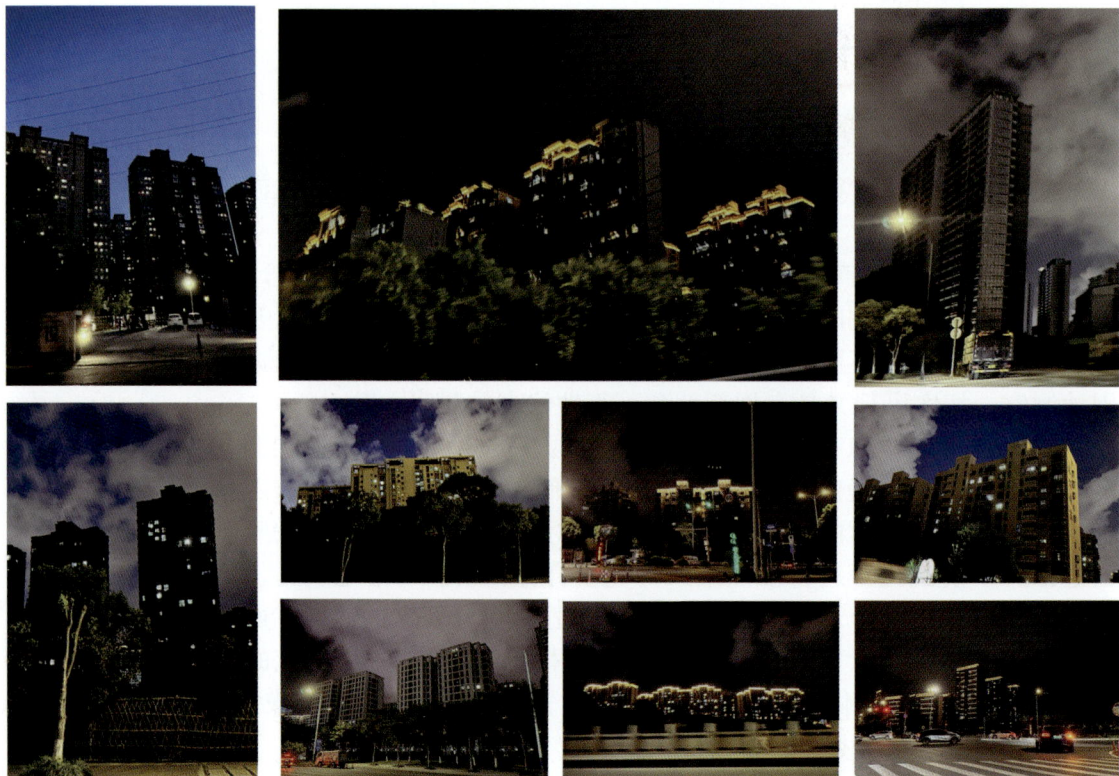

图4-1　迎亚运温州市区瓯海大道沿线建筑实地调研照片（温州设计集团有限公司提供）

（1）顶部。观察顶部结构、形状，考虑如何突出建筑顶部的轮廓和特色，以及选择合适的照明方式来展现其独特性。

（2）中部。查看建筑中部的立面材质、窗户分布等，研究如何通过照明营造出层次感和立体感。

（3）底部（入口、商业空间等）。关注入口的位置、形式，商业空间的功能布局，确保照明能够提供足够的亮度和舒适的氛围，吸引人们进入。

（4）特殊结构/造型。对于具有特殊结构或造型的建筑部分，要仔细分析其特点，寻找能够突出这些特色的照明方法。

4.1.3.2　道路调研

路桥调研以车行道、人行道、天桥、高架桥、地下通道、桥梁为主（图4-2）。

图 4-2　路桥区域实地调研照片（温州设计集团有限公司提供）

（1）车行道。考察车行道的宽度、线形、交通流量等因素，确定合适的照明亮度和均匀度，以保障行车安全。

（2）人行道。关注人行道的宽度、行人流量，以及与周边环境的关系，提供适宜的照明，确保行人的安全和舒适。

（3）天桥。检查天桥的位置、结构，考虑如何从多个角度进行照明，使其在夜间具有良好的可视性。

（4）高架桥。研究高架桥的高度、跨度，选择合适的照明位置和方式，避免对周边环境造成光污染。

（5）地下通道。注意地下通道的出入口位置、内部空间布局，提供充足的照明，增强通道的安全性和导向性。

（6）桥梁。观察桥梁的造型、结构，结合桥梁的特点进行照明设计，展现桥梁的美感。

4.1.3.3　景观调研

景观调研以广场、绿地、树木、水体、花坛、树池为主。

（1）广场。观察广场的规模、形状、功能分区，设计合理的照明布局，营造出热闹、欢快的氛围。

（2）绿地。关注绿地的植被类型、分布情况，采用柔和的照明方式，展现绿地的自然之美。

（3）树木。查看树木的种类、高度、形态，选择合适的照明角度和方式，突出树木的轮廓和纹理。

（4）水体。考察水体的形状、大小、流动情况，运用灯光营造出迷人的水景效果。

（5）花坛。关注花坛的位置、花卉种类，通过照明增强花坛的色彩和层次感。

（6）树池。检查树池的位置、形状，提供适当的照明，使其与周边环境相融合。

4.1.3.4 构筑物设施调研

构筑物设施调研以雕塑、灯光小品、路灯/灯杆、亭台、座椅、智能导视系统为主（图4-3）。

图4-3 构筑物设施实地调研照片（温州设计集团有限公司提供）

（1）雕塑。分析雕塑的主题、材质、形状，运用合适的照明手法来突出雕塑的艺术感染力。

（2）灯光小品。关注灯光小品的设计风格、位置，确保其与周边环境相协调，同时能起到装饰和营造氛围的作用。

（3）路灯/灯杆。检查路灯/灯杆的布局、高度、照明效果，保证其能够满足道路照明的需求，并且外观美观。

（4）亭台。考察亭台的位置、结构，选择适宜的照明方式，营造出舒适的休息环境。

（5）座椅。关注座椅的分布位置，确保周边有足够的照明，方便人们使用。

（6）智能导视系统。了解智能导视系统的功能和位置，确保其在夜间能够清晰可见，为人们提供准确的导向信息。

4.1.4　调研设备组成

夜景现状的调研除了需要设计相关人员的主观感受与体验外，还需要借助一定的设备辅助调研，如光谱仪、照度计、无人机设备等，以下进行简单介绍。

（1）光谱仪。光谱仪是一种能够测量光在特定波长范围内的强度和分布的仪器。在夜景照明项目中，光谱仪可以用于测量照明设施的色温、显色指数等关键参数，以评估照明质量。

（2）照度计。照度计用于测量某一点或某一区域的光照强度，通常以勒克斯（lx）为单位。在调研中，照度计可以帮助评估照明设施的亮度是否满足设计要求，以及是否存在亮度不均或过度照明的问题。

（3）色温仪。色温仪用于测量光源的颜色温度，即光源发出的光的颜色偏向。在夜景照明中，合适的色温可以营造出不同的氛围和视觉效果，因此色温仪是评估照明效果的重要工具。

（4）无人机。无人机配备高清相机或摄像机，可以从空中俯瞰整个夜景照明区域，获取全面的照明效果图片和视频。这对于评估照明设施的整体布局、亮度分布和视觉效果非常有帮助。

（5）激光测距仪。激光测距仪可以快速准确地测量距离，帮助调研人员确定照明设施的安装位置、高度和间距等关键参数。

（6）其他辅助设备。除了上述主要设备外，还可能需要使用其他辅助设备，如卷尺、水平尺、照相机等，以便记录现场情况、测量数据和拍摄照片等。

4.1.5　调研因素

在照明设计场景调研中，调研因素组成是多元的。如空间上需要调研场景组成与现状照度亮度情况，主观视觉上需要分析主次视点和使用人群的需求。调研每类因素时，需要关注点具有比较大的区别，例如影像照片需要长卷还是纵向卷，建筑结构上是否可以允许安装，电气容量是否足够，具体每项关注点如下。

（1）调研照片：单体与长卷的白天照片、相同角度的夜景照片、细部放大照片（可看清细部结构）。

（2）载体特征：建筑的功能、风格、材质、反射率、尺寸等；路桥的性质、断面特征、路幅宽度、流量、桥梁尺度等；设施的类型、样式、材质、尺寸、表现氛围等；景观植物分类、特征（常绿、落叶）、色彩、尺寸、安装条件等。

（3）基准亮度：各区域最合适的基准亮度。

（4）夜景照明现状的主观评价：夜景照明现状照片、亮度/光色、均匀度等指标记录。

（5）电气及灯具信息：电气设备规格型号、主要参数指标、配电箱位置及功率荷载等。

（6）主次视点/域记录：主次视点（鸟瞰视点、车行/人行视点等）位置、特色感知记录。

（7）区域人群访谈调查：对业主/使用人群等的访谈及问卷调查、需求及特色征集。

4.1.6　问题总结

本案例在现场调研中，主要存在整体统一性匮乏、标识特色性欠缺、安全舒适性不足三类问题（图4-4）。

4.1.6.1　整体统一性匮乏

照明手法、亮度、色温未进行统一规划设计，导致其整体统一性严重缺失。

（1）照明手法杂乱无序。建筑群体间的照明手法繁复多样（诸如泛光、自发光线条、显示屏等同时存在），但因缺少统一规划，致使视觉感受零散不堪、不够规整，群体之间的关联颇为薄弱。

（2）亮度对比严重失衡。建筑群体间的亮度对比过大，且平均亮度低于规划要求，从而导致视觉观感偏暗。

（3）光色搭配失当无序。建筑群体间的光色冷暖差异极为显著，光色杂乱无章，大量且无规律地运用彩光及动态光。

4.1.6.2　标识特色性欠缺

（a）整体统一性匮乏

（b）标识特色性欠缺

（c）安全舒适性不足

图4-4　现场调研问题汇总
（温州设计集团有限公司提供）

标识特色性欠缺是指作为城市文化的一部分，街道也是城市的一个镜像，那么街道不管是白天还是晚上应该反映城市的文化、气质等特质，而这条街道的夜景在表达上主题概念不突出、城市建筑特色夜间不明显，公共开放空间艺术小品在夜间被隐藏，导致街道缺乏特色与趣味性，难以形成独特的夜间在地标识性。

（1）主题概念含混不明。整条街道缺失统一的概念主题，所采用的是通用性照明手法，不同城市、不同类型、不同街道的照明主题概念趋于雷同，内容展示极为相似，没有因地制宜地表达街道及区域特色，产生千城一面的现象。

（2）建筑特色未能凸显。未能充分展现建筑的独特造型、材质、颜色等特性，无法彰显建筑在夜间的标识性。

（3）灯光小品缺失。人行空间普遍缺少具有区域特色的灯光小品装置，使得行走过程中缺乏趣味，街道难以给人留下深刻的印象。

4.1.6.3　安全舒适性不足

车行空间及两侧的照明存在不足或过度的情况，人行空间缺乏功能及环境照明，导致安全感缺失，舒适性不高。

（1）照度均匀度不符合标准。车行空间、人行空间的照度或均匀度未能满足规范标准，路面及环境较为昏暗，严重影响行车行人的安全与舒适感受。

（2）眩光隐患较为严重。部分城市道路两侧行道树的动态光照明过度，引发眩光现象，对红绿灯指示造成影响，带来较大的行车安全隐患。

4.1.7　设计目标

设计目标可以从城市定位分析、社会需求分析、街道分析等方面入手，对城市基础资料进行综合分析，得出最终目标定位。

4.1.7.1　城市定位分析

城市定位，包括城市总体空间规划、城市夜景照明规划、城市未来发展目标、城市整体风貌等，分析街道所在的城市空间区位，了解街道在城市中的重要性。如站前大道和苍南大道为温州市苍南县新区建设最重要的主干道，是南北向生态景观轴和城市门户廊道，站前大道和苍南大道的夜景照明设计直接代表了苍南第一形象，提出城市街道标志性要求。

4.1.7.2　社会需求分析

社会需求包括市政需求、市民需求、节能需求等，街道作为城市的重要组成部分，对展现城市形象具有重要作用，需充分了解城市对街道的社会需求。

（1）市政需求。市政需求是城市因重要事件、重要活动等需要，对城市产生的夜景照明需求。设计目标应根据重要事件、重要活动主题进行确定。如温州市娄东大街、半塘路、商汇路、今汇路、景屿路等道路，邻近第19届亚运赛事场馆龙舟基地，为迎接第19届亚运会需要，产生夜间城市特色氛围展现的需求。

（2）市民需求。在满足街道出行功能的基础上，应针对使用人群需求进行照明设计，街道用地属性会影响街道的业态及使用人群。如温州市站前大道（仁英路—人民路段）为邻接行政办公用地的街道，临街业态以公共服务为主，适宜庄重风格景观照明；金钗街为邻接住宅用地的街道，临街业态以居住服务为主，夜间适宜生活街道景观照明。

（3）节能需求。要求街道夜景照明设计需考虑城市可持续发展，建设绿色低碳的智慧照明。

4.1.7.3　街道特色分析

街道特色包含街道文化特色及街道形态特色，将街道特色融入夜景照明设计可提升街道夜间可识别性。

街道文化特色的展现可丰富街道乃至城市的文化内涵。街道的历史文化底蕴，包含街道所在区域的历史文化背景、文化遗产等，是城市历史文化发展的缩影；街道周边聚集的文化设施，如艺术展览、创意市集、文化活动等，可作为街道的现代文化特色元素，通过夜景照明增强街道夜间文化活力。

街道形态特色，如街道尺度（包含街道车道数、道路宽度、建筑退距、沿街楼房层数等）、街道丰富性（包含道路宽度弯度变化、沿街楼房高度变化、沿街景观绿地广场空间变化等）、街道连续性（沿街界面连续性）、街道立面建筑风格等因素，与人的街道活动体验密切相关，直接影响街道空间体验和街道夜景照明氛围营造（图4-5）。

图 4-5　街道空间景观照明设计效果示意（温州设计集团有限公司提供）

4.2　城市街道照明设计案例

4.2.1　济南经十路照明总体设计

经过对现场光环境数据的测试，济南经十路功能照明（路灯）达到主干道照度基本需求，能够满足夜间行车功能。沿线组团已经进行了部分景观照明布置且取得了一定的成绩，但是纵观经十路整体沿线，夜景照明建设点位零星，亮点不突出、形象不完整、整体不整饬。调研后发现是因为经十路长度比较长，穿越多个行政区，各行政区照明建设各自为战，未进行统一规划、统筹建设，缺乏准确的统一定位，难以形成主题鲜明的夜间形象（图4-6）。

（a）日景

（b）夜景

图 4-6　经十路现场调研（济南三迪光电科技有限公司提供）

通过对经十路全线的夜景勘察，结合各区建设现状，确定本次照明总体设计分保留、优化、新建在建三类进行建设（表4-1）。

表 4-1　建筑调研情况分类

项目	建筑名称	位置	层高	建筑性质
保留建筑	华夏银行	路南	22层	商业
	山东海洋大厦	路南	25层	行政+商业
	龙奥金座	路南	25层	行政+商业
	历下控股汇金大厦	路南	25层	行政+商业
	太平金融大厦	路南	25层	行政+商业
	山东黄金集团	路北	10层	行政+商业
	⋮	⋮	⋮	⋮
优化建筑	互联网大厦	路南	22层	商业
	产业金融大厦	路南	25层	商业
	济南基金大厦	路南	22层	商业
	招商银行	路南	22层	商业
	人工智能大厦	路南	25层	商业
	⋮	⋮	⋮	⋮
新建在建	济南媒体港大厦	路南	23层	商业
	兴业银行大厦	路南	35层	商业
	汉峪金谷泰山广场	路南	22层	商业
	碧桂园凤凰中心	路南	33层（在建）	商业
	东荷西柳体育馆	路南	10层	体育馆
	⋮	⋮	⋮	⋮

根据前期调研和分析总结，经十路街道长度跨越长、区域涉及广、组团相对明显。所以采用了分区分组团的设计方式，根据组团的业态属性和节点的重要程度，设计为"一核心九组团"的架构（图4-7）。

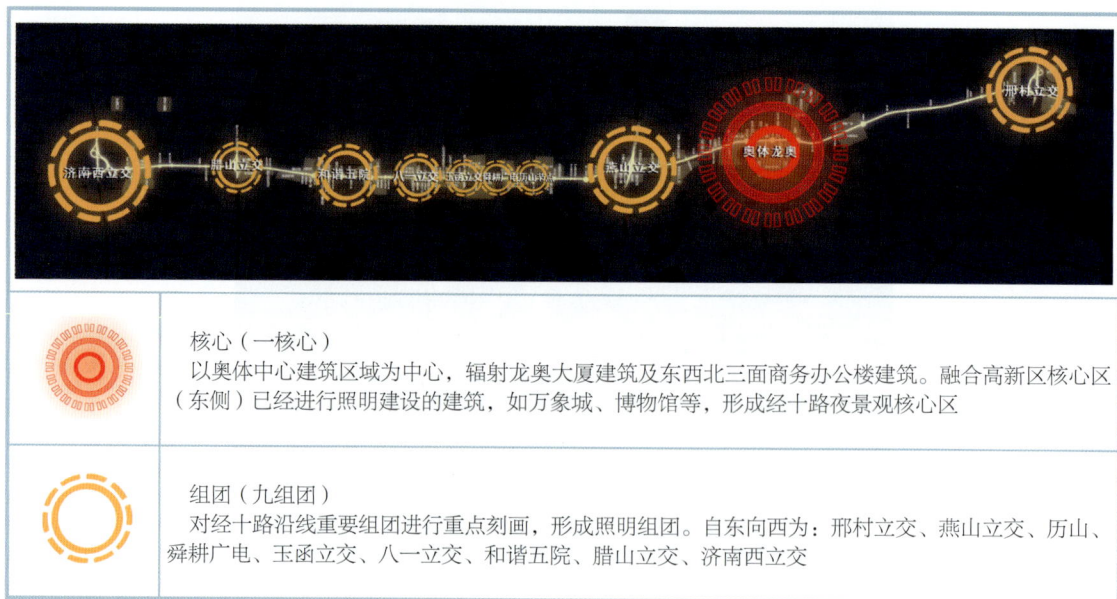

	核心（一核心） 以奥体中心建筑区域为中心，辐射龙奥大厦建筑及东西北三面商务办公楼建筑。融合高新区核心区（东侧）已经进行照明建设的建筑，如万象城、博物馆等，形成经十路夜景观核心区
	组团（九组团） 对经十路沿线重要组团进行重点刻画，形成照明组团。自东向西为：邢村立交、燕山立交、历山、舜耕广电、玉函立交、八一立交、和谐五院、腊山立交、济南西立交

图 4-7   经十路规划平面图（济南三迪光电科技有限公司提供）

核心区理念为浓墨重彩、重点刻画。充分运用核心区高楼林立、画面连续的特点，采用楼体立面大屏联动的方式呈现核心地位、发挥核心作用（图4-8）。

图 4-8   经十路奥体中心核心区效果表现（济南三迪光电科技有限公司提供）

对道路绿化带和候车厅的照明进行梳理、修整。形成以路口组团、景观组团为重点，道路沿线的照明方式。采用自然暖黄光高显色性灯光还原自然景观，大型组团增设淡彩光，形成有主有次、层次分明的景观带。对候车厅进行照明补充，营造舒适的人居氛围，呈现层次丰富的城市近人尺度形象（图4-9）。

（a）南京玄武湖园路夜景　　　（b）北京海淀公园廊亭区域夜景

图 4-9　组团范围景观照明

街道两侧园林因树木的品种、尺寸和排列方式不同，在照射方式方面具有区别性。低矮灌木和地被类植物照明，不适合近距离投光照明，容易破坏灌木形体完整，采用远距离透射。

中高形乔木因树形相对饱满，要根据其在景观中所承担的作用，选择合适的照明手法。如根据树木形状，灯具安装于树木正下方或距离树木3m左右或距离乔木3m左右立杆装灯照射。

高大的乔木多作为背景，应该根据其远近及与人视角的关系，对远处浓密树林照明做淡色处理，对近处树干和树冠舒展的阔叶树，可在树冠投影下方采用宽光型上射灯，以突出树的结构及力量感（图4-10）。

其他非核心组团照明方式应色彩统一、和谐稳定。经十路沿线各组团除核心区以外，主要采用"暖色调、竖线条、动静结合、相得益彰"的手法，完整刻画经十路恢宏大气的夜间形象。

针对项目提出合适的设计理念，经十路作为济南的迎宾大道，承担重要的城市门户作用，本设计采用联动控制的理念进行灯光打造（图4-11）。

沿线所有组团，必须在灯光控制平台上处于受控状态，使夜景照明在集中控制模式下，或安静祥和、充满活力，同时用缓慢的动态光流动表现，表现经十路轴线的节奏和序列感（图4-12）。

核心区设计效果分为节日、平日、深夜（节能）（图4-13）。

（a）灌木照明

（b）乔木照明方式1

（c）乔木照明方式2

图 4-10　树木照明方式（灌木、中高乔木）

（a）组团1

（b）组团2

图 4-11　非核心组团照明方式（济南三迪光电科技有限公司提供）

图 4-12　核心区域联动控制效果（济南三迪光电科技有限公司提供）

（a）核心区节日模式

（b）核心区平日模式

图 4-13　奥体龙奥核心区（东向西视点——节日）（济南三迪光电科技有限公司提供）

4.2.2　温州苍南站前大道设计

4.2.2.1　城市尺度——统一整体氛围、突出局部亮点

　　街道空间是城市空间的重要组成部分，具有强烈的连续性、延伸性、整体性特征。街道的每一段既是整体的一部分，同时也是一个完整的个体。街道景观照明一方面需要创造出一个具有统一性的整体夜景氛围，使夜间街道空间得到延伸，营造街道空间的夜间整体性，另一方面要具有变化性，突出标识性节点，作为街道乃至城市的夜景亮点，避免单调、乏味。

　　温州苍南站前大道（通福路—玉苍路段）长达2km，沿线行政办公、商业、住宅用地交织分布，在设计时以交叉路口为界，对站前大道进行分段，并对标志性节点进行重点照明设计，分为"一线五节点"对站前大道进行夜景照明设计（图4-14）。

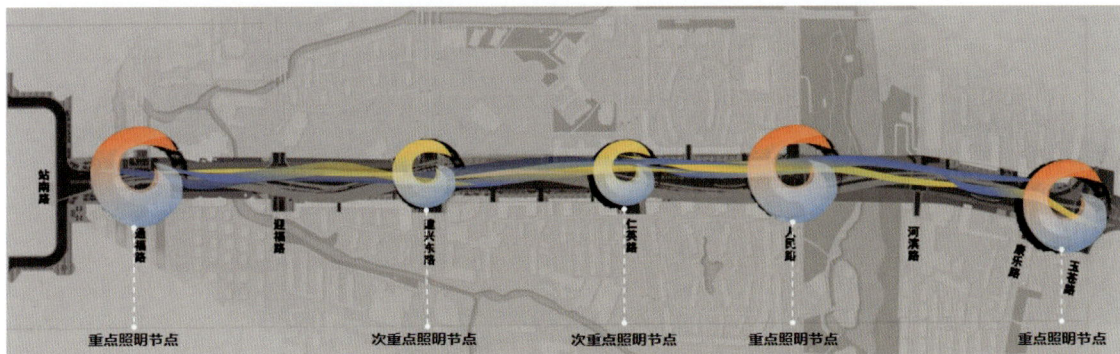

图 4-14　节点分析（温州设计集团有限公司提供）

　　站前大道与通福路交叉口因临近高铁出站口，为重点照明节点之一。交叉口处华美达大厦与海西创新城两座大厦正对高铁出站口，在设计中将两栋建筑的双塔形态作为灯光展示界面，利用激光灯形成地标感，结合站前广场改造工程，打造"城市之光"的高铁门户形象节点（图4-15）。

（a）节日图案

（b）平时图案

图 4-15   门户节点效果（温州设计集团有限公司提供）

站前大道与人民路交叉口、站前大道与玉苍路交叉口因周边多为行政办公及商用建筑，为重点照明节点之一，针对各建筑特征对其进行夜景照明设计（图4-16）。

（a）节点1

（b）节点2

图 4-16　重要节点效果（温州设计集团有限公司提供）

其余路段因沿线多住宅，以庭院灯照明为主，塑造街道夜间线状景观连续性，营造舒适街区氛围。

4.2.2.2　街道尺度——营造多层次的U形立体夜景空间，展现街道特色

街道剖面U形空间是由道路、路侧绿地、街道两侧建筑退距所共同围合成的立体空间，形成了具有可识别性的街道肌理。街道景观照明设计应借助街道本身特色，如各类特色建筑物、构筑物、绿化空间等为载体，充分挖掘街道本身特色并加以突出和强化，多种照明设计的手法相结合，形成"点、线、面"结合的街道U形立体夜景空间，展现街道夜间特色，增强街道夜间可识别性（图4-17）。

图 4-17　道路剖面图（温州设计集团有限公司提供）

温州大道（龙永路—龙江路段）临近浙南科技城。原街道夜间仅有市政照明，无法体现科创主题特色，周边建筑、构筑物载体较少。在夜景照明设计时，对高、中、低的道路与景观垂直空间进行不同设计，多层次照亮沿线空间及人行步道区域，由线

串点，形成具有科技城特色的街道U形立体夜景空间。

　　高位空间结合现有灯杆增加灯光装置，灯光装置的动态节奏产生变化模式，形成科技律动的视觉效果，并通过实时动态增添活力氛围，从各个角度提供不同且变化的视觉体验（图4-18）。

图 4-18　道路照明特色装饰设计（温州设计集团有限公司提供）

　　中位空间对道路交叉口景观节点进行夜景照明设计，以特色景观小品为主（图4-19）。

图 4-19　灯光小品（温州设计集团有限公司提供）

低位空间以硬灯带勾勒道路路缘，形成具有引导性、连续性的夜景照明（图 4-20）。

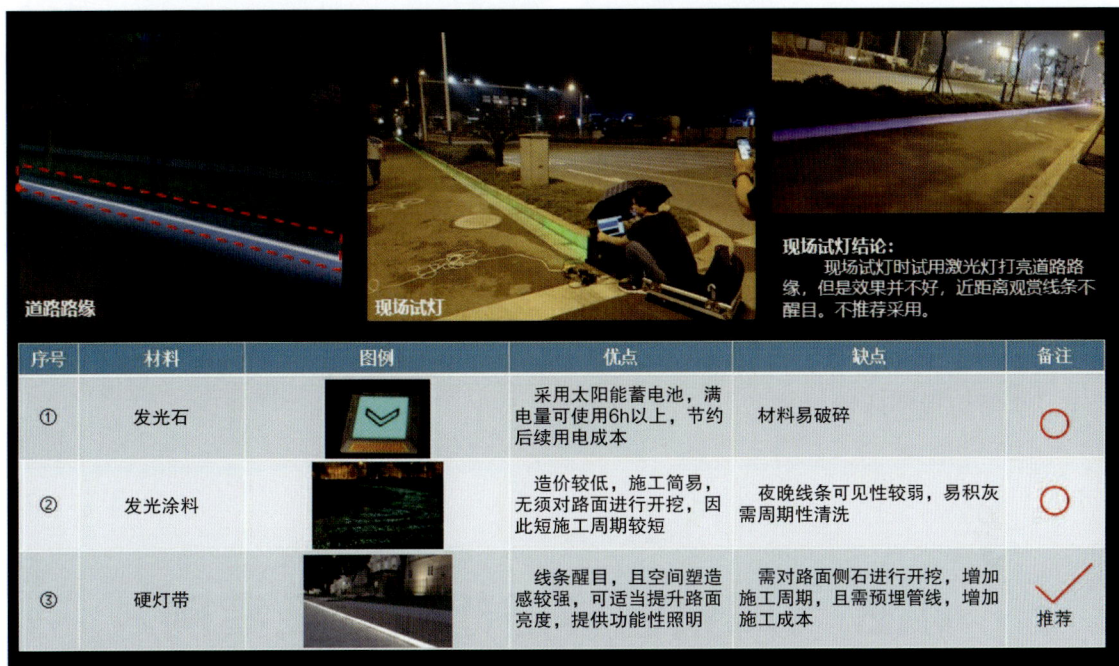

图 4-20 低位照明示意（温州设计集团有限公司提供）

4.2.2.3 近人尺度——提供安全舒适的通行环境

人行空间和车行空间都是城市街道中重要的组成部分，但两者的功能属性有很大区别，所要求的空间氛围和光环境要求不同。车行空间上的照明以功能性照明为主，主要是给机动车驾驶人提供一个良好的视觉条件，要求有合适的路面亮度、均匀度、眩光控制、诱导性等功能性指标；步行空间中的照明则需要考虑人们在步行时的视觉要求，在满足功能性照度要求的基础上，还应有适宜的空间景观性。此外人行道标志、道路边缘、街道家具、障碍物的夜间可见性等都应予以适当考虑。条件允许的情况下，还应将人行道和车行道在视觉上尽量分开，避免两个空间的灯光互相干扰，创造适合自身特点的空间景观照明。

龙港大道对侧石、地被植物、行道树等进行夜景照明设计，在近人尺度对人行、车行空间进行区分，为车辆及行人提供了安全舒适的通行环境，同时也丰富了街道夜景照明的层次。

车行空间以高、中、低三个层次进行夜景照明设计。高位照明采用市政路灯，满足功能性照明要求。中位照明采用投光灯打亮行道树，以行道树打造明暗韵律感。低位照明采用轮廓灯勾勒分隔岛路缘侧石线条，并采用软灯带勾勒地被植物，在车行视角对道路进行夜间引导与延伸（图4-21）。

人行空间以近人尺度的中、低两个层次进行夜景照明设计。中位照明在分隔岛空间采用投光灯打亮行道树，在人行道空间采用为龙港大道设计的定制灯具，在打亮行道树的同时进行人行道空间照明，并以龙港大道特色字样增强行走过程中的街道标示

（a）主街道视角　　　　　　　　　　　　（b）人行道视角

图 4-21　街道视角效果（温州设计集团有限公司提供）

性。低位照明采用轮廓灯勾勒路缘石线条，并采用软灯带勾勒地被植物与车行空间秩序性，增强街道整体性。

4.3　风景园林照明设计及案例

↘ 4.3.1　园林照明设计解析

4.3.1.1　概念定义

（1）园林照明设计是为满足园林广场功能性、景观性及人文需求，通过科学规划光环境，结合艺术性与技术手段，创造安全、舒适、美观且具有文化内涵的夜间空间的设计过程。园林广场照明需平衡功能、美学与可持续性，未来趋势将更注重智能交互（如AR灯光导览）与生态友好（光伏储能系统）。设计时需结合场地尺度、人流密度及文化属性，实现"光"与"影"的精准叙事。其核心目标包括以下内容。

功能照明：保障行人安全通行、活动需求，提供基础视觉识别。涵盖道路、台阶、出入口等区域的均匀照明。

景观照明：通过光影突出园林要素（建筑、水景、植物、雕塑），塑造空间层次与夜间艺术氛围。强调光影对比、色彩搭配及动态效果。

人文关怀：融合地域文化符号（如传统纹样、历史元素），增强场所认同感。考虑人群行为习惯（如休憩区低照度暖光、活动区高亮度冷光）。

节能环保：采用高效光源（LED、太阳能灯具）、智能控制（定时调光、感应开关）。避免光污染，控制眩光及天空溢散光。

（2）园林照明设计分类

①按功能属性分类

a.基础安全照明

ⓐ道路照明：均匀照亮步道、台阶，防眩光设计（如低位庭院灯）。

ⓑ入口/出口照明：高辨识度灯光（立柱灯、标识灯箱）。

ⓒ应急照明：消防通道、疏散指示的常备光源。

b.景观装饰照明

ⓐ建筑照明：投光灯勾勒轮廓，内透光展现结构（如亭阁、长廊）。

ⓑ水景照明：水下灯渲染水池，线性灯带勾勒驳岸。

ⓒ植物照明：上照式突出乔木形态，下照式表现灌木色彩。

ⓓ雕塑照明：定向射灯强化立体感，避免阴影干扰。

c.互动体验照明

ⓐ声光互动装置：响应脚步声或触摸的变色地砖灯。

ⓑ投影艺术：地面/墙面动态投影（如季节主题光影秀）。

②按场景用途分类

a.市政园林照明。注重仪式感：对称式布局，高亮度中心标志物（如纪念碑照明）。

b.商业园林照明。动态灯光吸引客流：LED大屏与商铺立面灯光联动。

c.社区园林照明。温馨氛围：柔和的庭院灯搭配互动儿童区灯光（如卡通投影灯）。

4.3.1.2　市政园林广场照明设计步骤

（1）前期调研

①地理环境分析。对园林广场区域的地形地貌进行考察，涵盖水域形状、岸边坡度以及有无岛屿等方面。针对现状进行视角层面的分析，以此确定照明设备的安装位置与角度，明确灯光在水面以及陆地上所呈现的投射效果。需综合考量多种因素，如场地的地形地貌、周围环境的光照情况、所需营造的氛围等，从不同视角深入分析现状，从而精准地决定照明设备的安装位置和角度，使其能够达到预期的灯光投射效果。同时，了解当地的气候条件，如风向、降雨量、气温变化等。这些因素对照明设备的选择和防护措施提出了具体要求，例如温州是盐碱含量较高的地区，灯具应具有良好的防腐性能（图4-22）。

图 4-22　江心屿码头夜景照明提升工程视角分析（温州设计集团有限公司提供）

②历史文化调研。深入研究滨水区域的历史背景和文化特色，包括当地的传统建筑风格、民俗风情、历史事件等。为设计提供丰富的文化内涵和创意灵感，使照明方案能够充分融入当地的历史文化元素。此外，考察周边的历史遗迹和文化景点，确定其保护范围和要求，在设计中采取相应的保护措施，同时利用灯光突出其历史价值和艺术魅力（图4-23）。

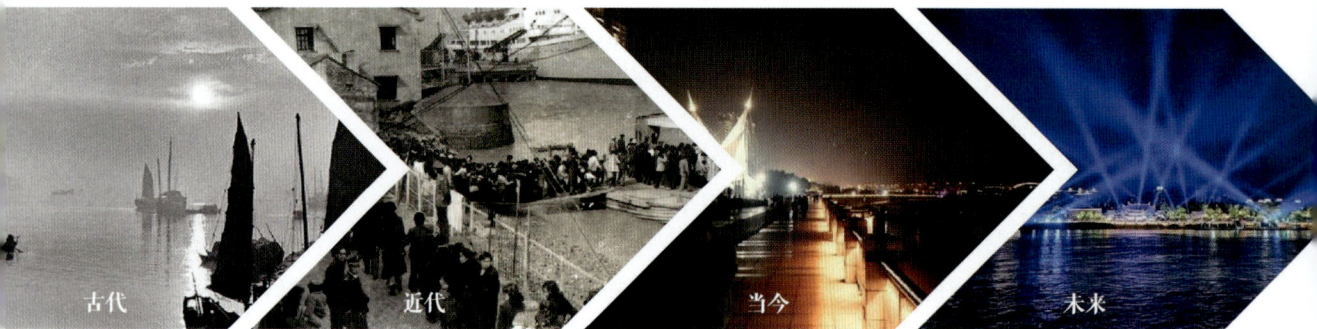

图 4-23　江心屿码头夜景照明提升工程历史文化分析（温州设计集团有限公司提供）

③生态环境评估。分析滨水区域的生态系统，包括水生生物、植被类型、鸟类栖息地等。设计时应尽可能减少对生态环境的干扰，避免使用对野生动物有害的灯光颜色和强度。同时，考虑生态修复和保护的需求，例如利用照明促进水生植物的生长，或者为夜间活动的野生动物提供安全的通道。

（2）明确设计目标

①功能需求确定。根据滨水区域的使用功能，确定照明设计的具体目标。例如，如果是休闲公园，就需要提供低对比、低色温的照明环境，方便散步、健身和娱乐。如果是商业步行街，则需要营造热闹的商业氛围，吸引顾客消费。此外，还要考虑不同时间段的使用需求，如白天和夜晚的景观效果差异，以及节假日和特殊活动的照明要求。

②光色亮度确定。在色温方面，主要综合考量项目载体性质、视觉感受和冷暖色温需求。对于具有历史文化价值的载体，采用暖色温灯光可营造温馨、古朴氛围。现代感较强的建筑或景观则适合冷色温灯光，以突出简洁、时尚的特点。同时，根据不同视觉感受需求调整灯光色温，能营造出不同氛围和情感。例如，休闲区域采用柔和暖色温营造舒适放松氛围，商业区域采用相对较高色温营造热闹繁华氛围。

③亮度分析依据载体的重要程度、是否沿街以及人流量等因素进行综合考量。滨水区域的标志性建筑、重要景观节点等载体可采用较高亮度，突出其重要性和吸引力。若载体沿街或人流量较大，适当提高亮度可增强照明效果和安全性；反之，较为次要的载体或人流量较小的区域采用较低亮度，营造宁静氛围（图4-24）。

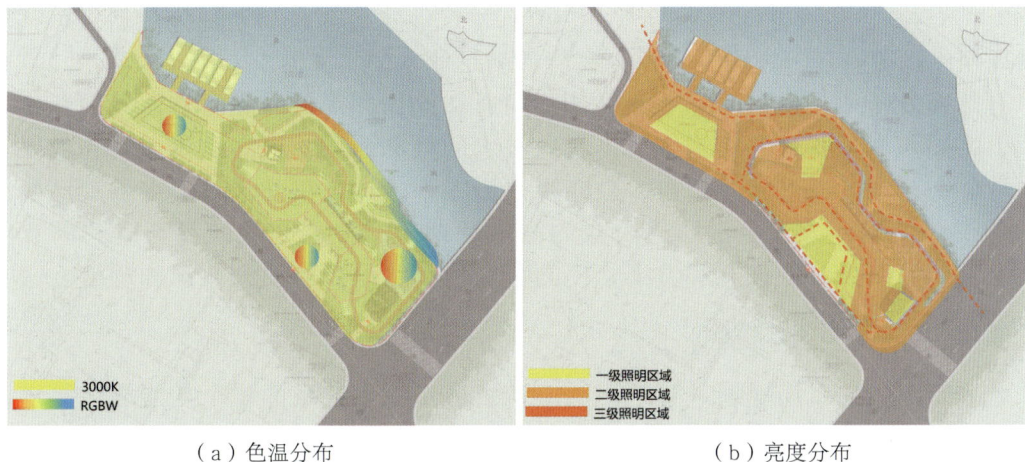

（a）色温分布 （b）亮度分布

图 4-24 温州东屿工业创意公园色温和亮度分析（温州设计集团有限公司提供）

4.3.2 温州东屿工业创意公园照明工程

4.3.2.1 项目概况

温州东屿工业创意公园处于重点照明区域，采用三级照明。根据《温州市照明专项规划（2020～2030年）》，此类区域应突出特色景观和重点构筑物，表现城区滨水和历史人文及现代风情，对绿化带、水系重点刻画，加强道路功能照明。因此，总体色温以暖白色为主，设定在3000～4000K，局部可采用彩光。

确定滨水景观照明的美学风格，如现代简约、古典优雅、自然生态等。这将直接影响灯具的选型，灯光的色彩和亮度，以及整体的照明效果。同时，要考虑与周边建筑和景观的协调性，使照明设计能够融入城市的整体风貌，并突出滨水区域的独特魅力。

选择节能环保的照明设备和技术，降低能源消耗和光污染。例如，采用LED灯具、智能控制系统等，实现照明的高效节能。此外，还要考虑照明设备的生命周期和维护成本，选择质量可靠、易于维护的产品，确保照明系统的长期稳定运行。

4.3.2.2 研究设计方法

（1）规划文件查阅。研究设计区域的上位规划、相关专项设计等相关文件，了解区域的发展定位和规划要求。这将为照明设计提供政策依据和指导方向，确保照明方案符合城市的整体发展规划。同时，关注规划中的交通流线、公共设施布局等信息，以便在照明设计中合理安排灯具位置和照明效果，方便人们的出行和使用公共设施。

（2）案例研究分析。研究国内外相关的景观照明案例，归纳设计理念、技术手段和实施效果，为设计提供参考和借鉴，拓宽设计思路和方法。总结案例中的成功经验和不足之处，结合项目特点，进行创新和改进，提高设计质量和可行性。

（3）技术标准参考。研究相关技术标准和规范，如照度标准、光色要求、安全防护等。确保符合区域要求，保障视觉健康和安全。同时，了解最新的照明技术和产品动态，如智能照明系统、太阳能灯具等，为设计方案提供更多的技术选择和创新可能。

（4）与利益相关方沟通。与业主交流，了解业主的需求和期望，包括投资预算、建设周期、运营管理等方面。确保方案能够满足业主的实际需求。

与景观设计师、建筑师等专业设计师沟通和协作，确保照明与整体规划和建筑相协调，共同探讨可行性和实施细节，解决技术问题和矛盾，提高整体质量和效果。

与公众互动，通过问卷调查、公众听证会等方式，收集公众对滨水景观照明的意见和建议，使设计方案更加贴近公众的需求和期望，提高公众的参与度和满意度。向公众宣传照明设计的理念和方案，提高公众对滨水景观照明的认识和理解。

4.3.2.3 深化设计阶段

总平面图体现布局规划。总平面图应清晰展示滨水区域的各个功能分区、道路系统、景观节点以及灯具的布置框架。对于重要的景观节点和人流量较大的区域，可以适当提高密度和亮度，以确保照明效果。同时，对于一些较为私密或生态敏感的区域，可采用较为柔和的照明方式，减少数量和亮度，以保护生态环境和营造宁静的氛围（图4-25）。

（a）总平面图

（b）鸟瞰效果图

图 4-25 温州东屿电厂总平图及鸟瞰图（温州设计集团有限公司提供）

　　根据前期确定的设计目标和场地特点，选择合适的灯具类型。考虑灯具的光效、颜色、防水性能、寿命等因素，确保灯具能够满足滨水景观的照明需求。合理布局灯具，既要保证照明效果的均匀性和连贯性，又要避免灯具的过度密集或稀疏。可以通过模拟软件进行灯光效果的预演，调整灯具的位置和角度，以达到最佳的照明效果。

　　根据不同区域的照明需求，选择合适的路灯、步道灯、壁灯等功能性灯具，确保照度和安全性。例如，温州东屿电厂作为运动公园，在跑道的低位照明设计上，采用线型灯勾勒出其轮廓，同时侧壁灯的设置增添了漫步的韵律感。在江心屿码头的步行道和观景平台上安装精致的壁灯和地埋灯，为游客提供安全舒适的照明（图4-26）。

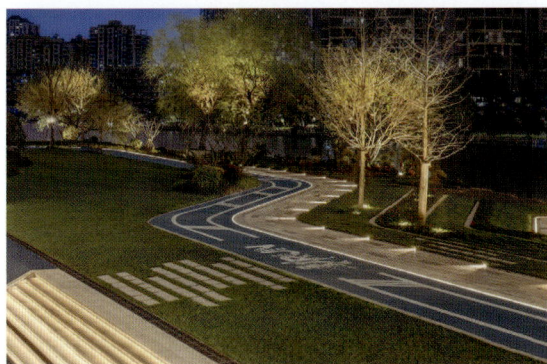

（a）步道夜景实景　　　　　　　　　　　　　　（b）构筑物夜景实景

图 4-26　温州东屿工业创意公园工程实景夜景（温州设计集团有限公司提供）

　　为增强滨水空间的美观度，可选用特色景观灯、灯光雕塑、水下灯等景观性灯具。如温州东屿电厂照明项目巧妙地以温州"榕亭文化"为意象，精心设计码头灯柱。由于浮漂会随着水位线上下移动，因而仅在不受潮汐处进行改造，既不受水位线影响，又能充分发挥警示作用。江心屿码头廊道空间以投影灯创造互动海浪投影，以智能交互实现人光互动体验，同时江岸上的海浪投影与江岸下的真实水浪形成呼应，突出江心屿码头的滨江文化（图4-27）。

（a）栈桥夜景节点　　　　　　　　　　　　　　（b）步道夜景实景

图 4-27　温州东屿工业创意公园工程实景夜景（温州设计集团有限公司提供）

　　以温州江心屿码头半圆形历史空间作为空间序曲，选取江心屿双塔作为导光板图案，夜间双塔图案与真实的江心屿双塔隔江呼应，形成虚实交相辉映之感，地面以发光地砖引导游客前往码头，象征历史与现代的记忆传承（图4-28）。

（a）滨水步道夜景实景　　　　　　　　　　（b）园区雕塑夜景实景

图 4-28　江心屿码头夜景照明提升工程实景夜景（温州设计集团有限公司提供）

灯光色彩方案的确定需依据不同区域和功能需求，选择合适的颜色温度和色彩搭配，确保整个滨水空间色彩协调统一，避免过于花哨或刺眼。

选择与照明设计主题相符合的色彩，营造出特定的氛围和情感。如温州东屿电厂提取发电厂窑炉炉火的红色与火苗的金色作为照明主题光色，使瞭望台遗址及工业元素雕像在夜间仍能展现工业力量，并呈现点状彼此呼应的效果。

设计智能照明控制系统，实现对灯光的集中控制和调节。可以根据不同的时间、天气和活动需求，自动调整灯光的亮度、颜色和模式，提高照明的灵活性和节能性。考虑照明控制系统的可靠性和安全性，确保系统能够稳定运行，并且在发生故障时能够及时报警和处理。

4.3.2.4　相关专业协调

（1）与景观设计师密切协作，确保照明设计与景观规划相融合。照明灯具的位置和形式应与景观元素相协调，避免对景观造成破坏或影响景观的整体效果。考虑景观植物的生长和变化，应选择合适的照明方式和灯具位置，避免对植物造成伤害。同时，可以利用灯光突出植物的形态和色彩，增强景观的美感。对于滨水区域的建筑物，照明设计应与建筑风格和外观相协调。可以通过灯光的投射和勾勒，突出建筑的立体感和特色，同时避免对建筑造成光污染。了解建筑的结构和材料特点，选择合适的照明方式和灯具安装位置，确保照明设备的安全性和稳定性。

（2）与电气工程师合作，确定照明设备的供电方式和线路布局。确保照明系统的电力供应稳定可靠，并且符合电气安全规范。考虑照明设备的功率需求和节能要求，选择合适的变压器和配电箱，提高照明系统的效率和节能性。选择高效节能的照明设备和技术，降低能源消耗。例如，采用LED灯具、太阳能灯具等，提高照明系统的能效比。合理设计照明控制系统，实现灯光的自动调节和节能控制。可以根据时间、天气、人流量等因素，自动调整灯光的亮度和模式，减少不必要的能源浪费。

4.3.2.5　方案实施阶段

（1）施工技术指导与质量把控。专业人员定期到现场进行技术指导，确保严格按照设计方案实施。检查安装点位、角度是否准确，线路铺设是否规范、安全。及时发现出现的问题，如灯具损坏、安装不牢固等，避免影响工程进度和质量。

（2）调试与优化。对照明控制系统进行调试，确保各个灯具终端能够按照预设的模式和时间进行开关、调光等操作。检查控制系统的稳定性和可靠性，避免出现故障。

调整灯具的亮度、角度和颜色，以达到最佳的照明效果。根据现场实际情况，对设计方案进行微调，使照明与景观更加融洽。

（3）效果优化。根据实际情况对灯光进行进一步优化，确保在各种情况下都能呈现出良好的景观效果。邀请相关专业人士和公众对照明效果进行评估，收集意见和建议，进行针对性的改进和优化。

（4）效果评估与持续改进。定期对滨水景观照明效果进行评估，包括美学效果、功能性、节能性等方面。通过问卷调查、现场观察等方式收集公众和使用者的反馈意见。对比设计目标和实际效果，分析存在的问题和不足之处，为持续改进提供依据。

根据效果评估的结果，对照明设计进行持续改进，如更新灯具、优化控制系统、调整照明方案等，不断提升滨水景观照明的质量和水平。

4.4　园林水景照明设计及案例

4.4.1　园林水景照明概述

园林水景照明是指通过人工光源对园林中的水体景观（如池塘、湖泊、喷泉、瀑布、溪流等）进行科学化、艺术化的照明设计，以增强夜间视觉效果、营造特定氛围、突出景观结构，并兼顾功能性与安全性。其核心目标是通过光与水的互动，展现水体的动态美、静态美或抽象艺术美，同时满足游客的观赏需求与空间导向功能。园林水景照明是建造绿色住区，美化城市环境必不可少的措施之一。

园林水景照明的核心要素如下。

（1）水体形态适配：根据水的流动、静止、反射等特性选择照明方式。

（2）光影结合：利用光的强弱、色彩、方向塑造水景的立体感和层次感。

（3）环境协调：照明需与园林整体风格、植被、建筑等元素和谐统一。

（4）节能环保：优先选用低能耗、长寿命的灯具，减少光污染。

4.4.2　园林水景照明的分类

4.4.2.1　按功能分类

（1）基础照明：提供基本亮度，保障夜间安全（如路径旁的静水照明）。

（2）重点照明：突出水景主体（如喷泉中心、雕塑水体）。

（3）装饰照明：通过色彩变化、动态效果增强艺术性（如LED变色灯光）。

4.4.2.2　按技术手段分类

（1）水下照明：灯具安装在水体中（如水下射灯、水底灯），适合静水或浅水区域。

（2）投射照明：从岸上或高处向水体投射光线（如泛光灯、洗墙灯、投影仪等），适合瀑布或大型喷泉。

（3）轮廓照明：用LED灯带勾勒水岸线或水景轮廓（如水池边缘、桥梁）景色。

（4）动态照明：通过编程控制光色、亮度变化（如音乐喷泉的同步灯光），实现水景的表现。

4.4.3　园林水景照明系统组成

园林水景照明系统一般可分为三大部分，具体见表4-2。

表 4-2　园林水景照明系统组成

序号	部分	组　成
1	喷头、水泵等	（1）喷头系统：是喷泉设计的核心部件，直接决定水形的艺术效果和动态表现。实际工程中常通过多种喷头组合（如"主喷+副喷+雾化"），形成层次丰富的动态水景 （2）水泵系统：是组成喷泉系统非常重要的一部分，水泵也是决定喷泉喷高的重要因素，不同扬程的水泵决定喷泉水柱的高度，改变水泵的转动速度，也可改变喷泉水柱的高度 （3）阀门管道系统：连接喷头与水泵的重要媒介，水从水泵被运输到管道，穿过阀门管道到达喷头喷射而出，形成完整的喷泉系统
2	照明设施	（1）旱喷和较低喷高的直线型喷泉一般使用中孔灯 （2）在水下的灯具必须是IP68防护等级的灯具，水岸边上一般是IP67防护等级的灯具 （3）启动和控制水景系统，需要各类电缆的支持，为喷泉提供电力与信号等
3	控制系统	（1）集中式控制系统 特点：所有控制指令由中央控制器统一处理，适用于小型喷泉或控制室与喷泉距离较近的场景 功能：通过预设程序控制灯光、喷头动作及音乐节奏，适合固定模式的水景表演 （2）分布式控制系统 现场总线式控制：采用RS-485或CAN总线技术，将控制功能分散到喷泉现场的多个节点，提升系统灵活性和抗干扰能力，适合中型喷泉 网络现场总线式控制：基于专用网络操作系统，支持高速数据传输和复杂联动，适用于大型音乐喷泉的实时同步需求（如灯光与喷泉动作的毫秒级响应）

4.4.4　园林水景照明设计方法

设计一场精彩的喷泉灯光水秀需要综合考虑多个方面，以下是一些关键步骤和要点。

4.4.4.1　明确主题和目标

确定表演的主题，如历史文化、自然景观、现代科技等，以便为整个设计提供核心思路。明确表演的目标，是为了吸引游客、提升城市形象，还是庆祝特定活动（图4-29）。

（a）设计分析1

（b）设计分析2

图 4-29　设计分析（无锡市夏氏水艺喷泉有限公司提供）

4.4.4.2　场地分析

考察场地的大小、形状、地形和周边环境，以确定喷泉的布局和规模。考虑观众的观看角度和视线，确保各个位置都能有较好的观赏体验（图4-30）。

项目背景

本项目位于萧山区人民广场，人民广场项目位于萧山区中心城区位置，北临萧山区政府、科技创新中心，南侧为在建地铁5号线人民广场站、绿地众银汇，东侧为地铁2号线人民广场站、开元名都、万象汇，是萧山的"城市客厅"，项目的建成有利于完善城市基础设施建设，提高居民生活品质，打造萧山城市新地标。

（a）场地研究

图 4-30

布局展示

Ø4000
Ø8000
Ø18000
Ø20000
Ø22000
Ø24000
Ø26000
Ø28000
Ø32000
Ø36000
Ø48000
Ø49300
Ø50000

翩翩起舞
云雾缭绕
随风逐浪
百花齐放
荷叶田田
大气磅礴
摇曳生姿
波涛汹涌
梦幻水幕
一柱擎天
同心协力
奋起直追
层峦叠嶂

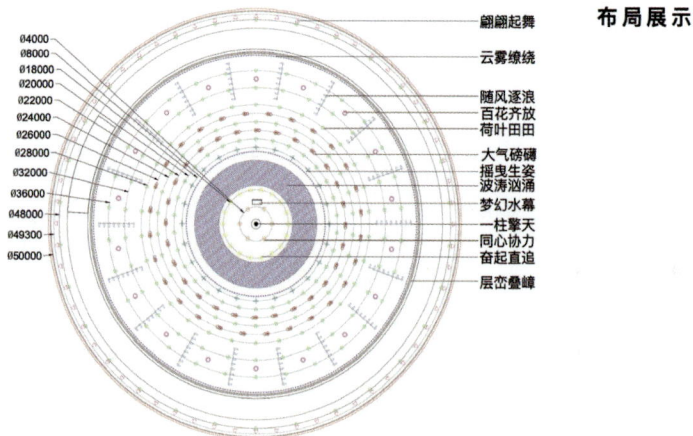

人民广场彩色音乐喷泉工程平面布置图

（b）布局设计

图4-30　场地及布局设计（无锡市夏氏水艺喷泉有限公司提供）

4.4.4.3　水型设计

选择多样化的水型，如直流、抛物线、水幕、喷雾等，并设计它们的组合和变化模式。根据音乐的节奏和情感，让水型的高低、快慢、疏密与之相呼应。

选择合适的灯具类型，如LED灯、激光灯等，以实现丰富的色彩和效果。灯光的布置要与水型配合，突出水的形态和质感，营造氛围和层次感（图4-31）。

（a）水膜点阵　　　　　　　（b）圆形气爆　　　　　　　（c）圆形二维

（d）追浪展示　　　　　　　（e）百花齐放　　　　　　　（f）整体展示

图4-31　水型及灯光配色设计（无锡市夏氏水艺喷泉有限公司提供）

4.4.4.4　水型剧情

因为水秀灯光项目属于动态控制设计，整个演绎过程需要有韵律的、有节奏的编排，所以经常以音乐、故事、舞剧的篇章方式演进，由多个章节组成，其中常有起、承、转、合的节奏感。

如《江南风华·潮涌萧山》项目，整体以"水"+"剧"的一种表演形式呈现，"水"作为整个视觉的呈现载体，"剧"作为整个水秀的内容呈现。硬件上把声、光、电、影各个元素做到全方位立体的有机结合，在整体表演中融入文化元素、民俗元素、地域元素以及其他元素进行综合创作，打造出一场文化与科技相结合直击心灵的视听盛宴（图4-32）。

安徽砀山喷泉
灯光水秀实景

（a）设计意向　　　　　　　　　　　（b）设计效果

图 4-32　水秀剧情演绎篇章（无锡市夏氏水艺喷泉有限公司提供）

4.4.4.5　音乐选择与编排

挑选与主题相符、富有节奏感和情感张力的音乐。对音乐进行剪辑和编排，使其与水型和灯光的变化节奏精准匹配。

一个好的音乐灯光水秀工程，成功的音响效果必不可少。在软件方面采用专门的音乐水景灯光秀控制系统软件。可采用计算机软件采样的方式，实时分析和处理。采样的准确性更高，采样的信号选择性更大，采样信号有低音、高音、中音、鼓点和旋律，采样精度达 0.02s。

4.4.4.6　技术措施

（1）控制系统设计。采用先进的控制系统，实现对喷泉、灯光和音乐的同步控制及精确调节。预留手动和自动控制模式，以应对不同的需求和突发情况。控制系统均配置了过电压、过电流、漏电、缺相保护装置，并且能随时监测系统运行情况。涉水装置防护等级达到IP68，防水防尘，有杰出的抗振动、抗冲击耐老化性能。

（2）安全与维护。确保喷泉设备的安全性，设置防护设施，防止观众靠近危险区域。制订维护计划，定期检查和维护设备，保证表演的长期稳定运行。

（3）测试与调试。在正式表演前，进行多次全面的测试和调试，优化水型、灯光、音乐的配合效果。邀请专业人员和观众进行评估，根据反馈意见进行调整。

总之，设计一场精彩的喷泉灯光水秀需要综合考虑艺术创意、技术实现、观众体验和实际操作等多方面因素，只有精心策划和执行，才能打造出令人难忘的视觉盛宴。

4.4.5　水景照明设计案例

4.4.5.1　广州亚运喷泉水景灯光

此水景灯光第一次创造性地将超大规模的水景表演，应用于世界级大型文化体育活动开闭幕式中。极具层次感的船形喷泉、活泼欢快的迎宾喷泉、层峦叠嶂的屏幕喷泉、云中雾中的船帆喷泉、美轮美奂的舞台喷泉等诸多水型争奇斗艳。其中，以水载舟，以水"造"船的绝妙创意。216个升降喷头形成一幅长208m、宽128m、喷高38m的巨船造型喷泉，宏大气势、强大视觉冲击、巨大的震撼力堪称世界领先。此外，迎宾喷泉、屏幕喷泉、船帆喷泉、舞台喷泉共同为全世界上演了一出讴歌赞颂中华民族，为美好未来勇往直前的极具艺术深意的表演。

4.4.5.2　苏州金鸡湖音乐喷泉灯光

苏州金鸡湖音乐喷泉灯光以《燕惊泓》为创意主题，整体规模长200m，宽141m。平面布局以人字形大弧线与四个圆形相切构成主骨架，镶嵌在由水膜喷泉组成的巨型阵列中，犹如一只春燕贴在这片花海上飞翔。

4.4.5.3　汉中市水景灯光秀

"兴汉胜境"项目位于陕西省汉中市兴汉新区，耗资上百亿元，是以汉文化为主题的国家5A级旅游景区。汉源湖水域面积达千亩（1亩≈666.67m²，下同）以上，整个水秀项目由超大型喷泉、大型实景表演、灯光、投影、水幕等组成。"兴汉胜境"水秀实景演出可同时容纳4000人观看，有3000m²亚洲巨型全息水幕，4500个DMX512大功率LED水下灯，200架新型无人机阵列"星空"，150m长亚洲巨型实景"火龙"，100m高亚洲巨型高喷"水龙"，300s震撼水上烟花秀，7艘巨型皇家船队，三维高科技全变频喷泉矩阵。200多名演员配合大型喷泉列阵、大型实景火效、激光特效及可变化扇形水幕系统进行表演，重现空前辉煌的大汉盛世，讲述着"双源"理念和汉化的动人传奇（图4-33）。

（a）水形1

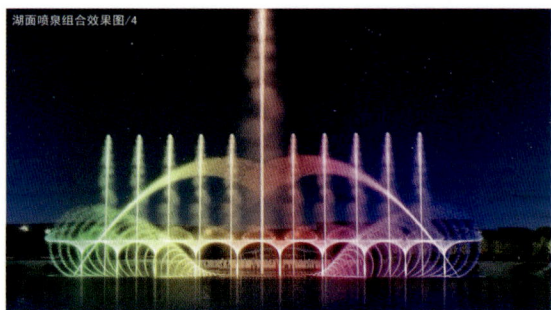

（b）水形2

（c）水形3

（d）节点4

图 4-33　"兴汉胜境"水秀实景（无锡市夏氏水艺喷泉有限公司提供）

　　总之，经典水景灯光具有独特的魅力，为所在区域的夜景增添了亮丽的风景，吸引着众多游客欣赏。不同的灯光水景秀在表现形式、主题风格等方面各有特色，需要根据区域载体及文化等实际情况开展实施。

4.5　文旅灯光秀设计及案例

↘ 4.5.1　文旅灯光秀概述

　　文旅灯光秀是一种以文化创意为核心，结合声、光、电、投影、无人机等现代科技手段，通过主题化、场景化的动态光影表演，展现地方文化、历史或自然景观的夜间艺术形式。其核心目标是通过视觉震撼与文化共鸣，延长游客停留时间、提升夜游体验，并推动旅游经济发展。与传统灯光秀相比，文旅灯光秀更强调与地方文化的深度融合，例如通过历史故事、民俗元素或自然景观的创意表达，形成独特的IP化体验，避免"千城一面"的同质化问题。

　　现代灯光秀发展较早且影响深远的除了法国里昂灯光节外，还有悉尼灯光节、日本札幌灯光节等，有学者认为追溯灯光秀的来源要从媒体立面入手。早期媒体立面诞生于光源技术和公共艺术的结合，通过城市建筑与媒体立面结合而形成媒体建筑表皮，在此基础之上进行秀演。因此，广义上的灯光秀是以光为媒，沿用当代先进的科学技术，在城市空间中开展，融合了"声、光、电、触"多元的秀演项目（图4-34）。

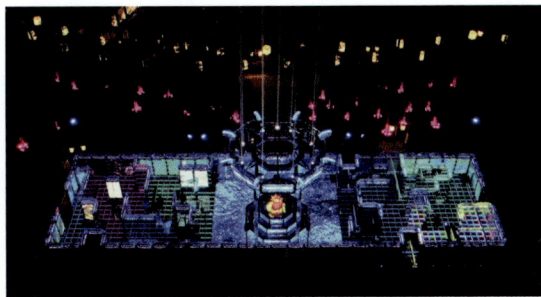

| （a）里水花月夜 | （b）白鹭追光 灯影迷宫 |

图 4-34　声、光、电秀演实景

　　例如，人们对于延安的印象是一座充满了革命记忆的红色城市，灯光秀《延安记忆》重温了革命历史，是一个关于20世纪30年代一批具有革命热血的同志奔赴延安、投身革命的故事记忆，典型地反映了对于城市文化的集体记忆。因为人们一想到延安，就会回忆起关于革命圣地、一批革命青年和许多革命故事（图4-35）。

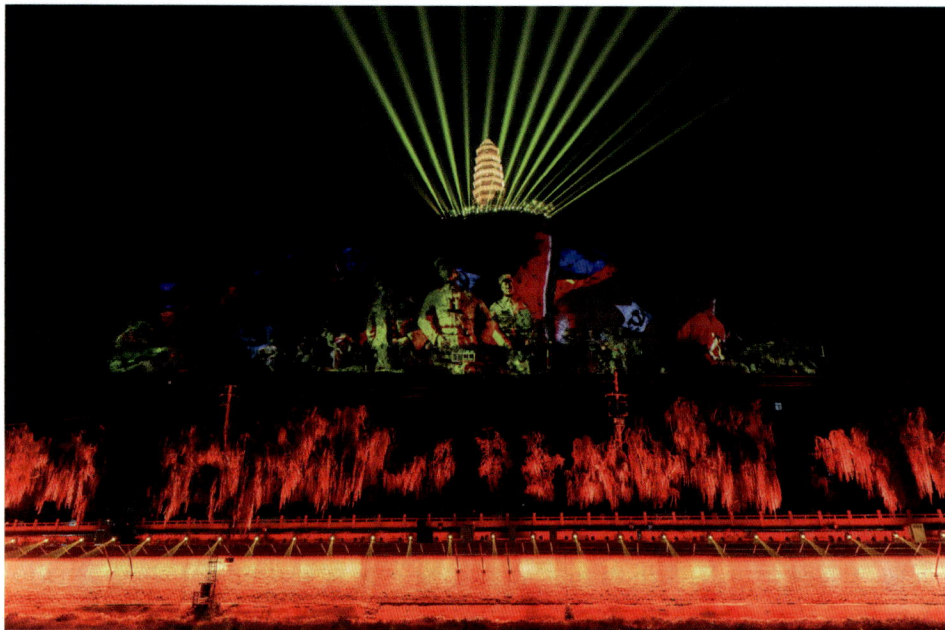

图 4-35 《延安记忆》实景（良业科技集团股份有限公司提供）

↘ 4.5.2 文旅灯光秀的分类

按照分类维度不同，灯光秀有很多分类方式。如按其功能进行分类，可将其分为品牌型、艺术型、历史型、商业型和竞赛型灯光秀（表4-3）。

表 4-3 灯光秀类型及特点

类型	形式	侧重点	功能特点	代表城市
品牌型	聚集式	突出城市主体 侧重城市品牌	品牌传播	澳大利亚悉尼灯光节、阿拉伯联合酋长国迪拜哈利法塔灯光秀、中国武汉长江灯光秀等
艺术型	散点式	突出单体作品 侧重个人感情	艺术观赏	荷兰阿姆斯特丹灯光节、新加坡灯光节、日本札幌灯光节等
历史型	聚集式	突出数字内容 侧重文化传承	历史文化	法国里昂灯光节、芬兰赫尔辛基灯光节等
商业性	散点式	突出商业氛围 侧重聚集消费	商业娱乐	中国深圳国际光影季、日本大阪灯光节等
竞赛型	焦点式	突出建筑主体 侧重内容创意	艺术创意	俄罗斯莫斯科"光环"灯光节、乌克兰基辅灯光节等

品牌型灯光秀是指通过打造主题性的灯光秀，以创立城市文化旅游品牌，旨在利用品牌效应发展城市夜间经济，创造经济增量。

艺术型灯光秀通常是由文化、艺术机构或个人策划，以艺术家群体为创作主体的艺术类灯光装置展出活动，旨在通过艺术灯光装置展示艺术家们的创意。

历史型灯光秀主要是以该城市的传统节日、历史建筑或文化遗址为主题，旨在通过灯光秀的内容表达展示城市的历史和文化遗产。

商业型灯光秀通常是由商业区或企业策划主办，旨在通过灯光节活动吸引大量游客前往，以促进该区域的夜间消费或提高企业的商业价值（图4-36）。

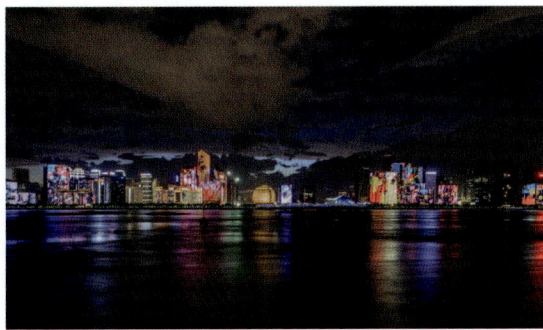

（a）阿兰拉格达演绎　　　　　　　　（b）G20杭州峰会灯光秀

图 4-36　商业型灯光秀表演（良业科技集团股份有限公司提供）

竞赛型灯光秀由政府或机构主办，邀请或吸引灯光艺术家及团队参加竞赛，旨在通过该类赛事活动展现艺术家和设计师的创意，以及提升该地区的夜间活力。

品牌型和历史型灯光秀节点呈现聚集式分布，通常以城市标志物或历史遗址为中心，各展示组团相互吸引，以多种相关联的形式和内容展示完整的活动主题；艺术型和商业型灯光秀节点呈现散点式分布，通常是对完整而独立的灯光装置进行组织排布，节点之间没有明显的连接方式；竞赛型灯光秀则呈现焦点式形态，通常以城市单一标志建筑为主体，通过改变作品内容进行作品展示。

4.5.3　文旅灯光秀设计流程

文旅灯光秀的设计是一个系统性工程，需融合文化挖掘、艺术创意、技术实现与运营管理，通常分为以下五大阶段。

4.5.3.1　前期调研与需求分析

目标：明确项目定位、受众需求与可行性。

关键任务如下。

（1）文化挖掘：调研当地历史、民俗、自然景观等文化资源，提炼核心叙事主题（如历史事件、神话传说、生态特色）。例如杭州《印象西湖》深挖西湖十景与白蛇传文化，提炼"人在画中游"主题。经环境与受众调研，打造"山水即舞台"沉浸空间。运用实景、光影、水幕等现代手法，融合传说与景观，创新呈现传统文化，带来深刻情感共鸣与文化体验。

（2）场地勘测：分析载体（建筑、水体、山体等）的物理条件（尺寸、材质、承重）、光影投射角度、观众视线范围及安全限制。

（3）受众分析：确定目标人群（游客、本地居民、特定节庆群体），调研其审美偏好与互动需求（如亲子家庭偏好趣味互动装置）。

（4）可行性评估：预算规划、技术实现难度、环保要求（如光污染控制、设备能耗）、政策合规性（文化遗产保护限制）。

4.5.3.2　创意策划与剧本设计

目标：构建故事线与视觉语言，形成差异化IP。

关键任务如下。

（1）主题IP化：将文化元素转化为可传播的符号（如洛阳应天门灯光秀，以"武则天登基"为叙事主线）。

（2）剧本创作（概念方案图）：设计分镜脚本（效果表现图或动画等），规划灯光、音乐、投影等元素的节奏与情绪变化，确保叙事连贯性。

（3）艺术风格设定：确定视觉基调（写实、抽象、赛博朋克等），选择色彩体系。例如敦煌灯光秀有流光回响光影厅和春节文化灯展两大主题：流光回响光影厅以光影重现丝路文明与敦煌艺术，大地暖色调营造厚重与奇幻；春节灯展融合传统与现代，红金主色调展现喜庆与敦煌底蕴（如石青）。

（4）互动机制设计：融入感应装置、增强现实（AR）扫码等互动环节，增强沉浸感。例如上海TeamLab项目通过触摸等动作与光影实时互动（颜色渐变、图案流动），打造沉浸式数字艺术体验。

4.5.3.3　技术方案设计与模拟测试

目标：将艺术创意转化为可执行的技术方案。

关键任务如下。

（1）设备选型与布局：根据载体类型选择技术组合（如建筑投影需高流明投影仪，山体秀需远距离激光灯），规划设备点位（如无人机起降区、音响阵列角度），避免光干扰与声场盲区。

（2）数字建模与预演：通过3D建模软件（如MAYA、Blender）、效果表现软件（如Adobe Photoshop、Adobe After Effects）模拟光影效果，优化动态画面与载体结构的适配性。利用虚拟现实（VR）进行观众视角体验测试。

（3）编程与内容制作：编写灯光控制程序（如DMX512协议）、无人机编队路径算法，制作高分辨率投影素材。

（4）环保与安全设计：采用节能LED光源，设置光污染隔离带；设计应急疏散路线与设备防水方案（尤其水幕秀）。

4.5.3.4　现场施工与调试阶段

目标：精准落地技术方案，确保安全与效果。

关键任务如下。

（1）设备安装：指导固定投影仪、灯光支架、音响设备，部署电力与网络系统（需预留冗余线路）。

注意事项：古建筑载体需避免钻孔，采用无损伤固定技术。

（2）联调测试：指导分模块调试（如灯光与音乐同步率、无人机编队定位精度），逐步整合至全系统。

（3）效果优化：根据实际环境调整亮度、色彩饱和度（如雾霾天需增强投影对比度）。观众动线测试，确保最佳观赏视角覆盖。

4.5.3.5　运营管理与维护

目标：保障长期稳定运营，提升商业价值。

关键任务如下。

（1）演出编排：设计日常场次（如每晚2场）与节庆特别版（如春节主题灯光秀）。

（2）票务与流量管理：线上预约系统（限流防拥堵）、VIP观演区设置。

（3）设备维护：定期检查投影镜头清洁度、无人机电池寿命、线缆老化情况。

（4）数据反馈与迭代：收集观众评价（如互动环节参与率）、社交媒体传播数据，优化内容与体验。

总之，文旅灯光秀的设计流程需以文化为魂、技术为骨、运营为脉。从前期调研到后期迭代，每个环节均需兼顾艺术表达与工程落地，同时平衡商业价值与社会效益。成功的灯光秀不仅是视觉奇观，更是文化传承与创新的动态载体。

4.5.4　文旅灯光秀案例

除了著名的法国里昂灯光节外，世界上还有一些著名的灯光秀节日，具体如下。

（1）北京朝阳国际灯光节是具有一定国际影响力的灯光节。2024年10月18日晚，以"潮朝阳·夜精彩"为主题、以"AI聚朝阳"为特色的北京朝阳国际灯光节在奥林匹克森林公园南门露天剧场正式开幕。引入来自法国、澳大利亚、瑞士等国内外优秀灯光艺术作品，并综合运用在线平台、数字人、AR体验、元宇宙、机器人互动等科技，打造多个开放式沉浸互动区，让观众身临其境（图4-37）。

（a）灯光秀景点1　　　　（b）灯光秀景点2　　　　（c）灯光秀景点3

图 4-37　北京朝阳国际灯光节灯光秀（北京清瑜同绘规划设计有限公司提供）

（2）印度排灯节。又称"光明节"，是印度最盛大的传统节日之一，在印度历法的卡提克月（公历10~11月）举行，持续5天。其核心意义是庆祝"光明战胜黑暗，知识驱散无知，善良压倒邪恶"，通过点亮油灯（迪亚灯）、燃放烟花、装饰房屋等仪式，象征对幸福、繁荣与新生的祈愿。

（3）泰国水灯节。泰国水灯节是泰国最具代表性的传统节日之一，每年泰历十二月十五日（公历11月）举行，正值雨季结束、河水丰盈、月圆如盘的时节。节日以"放水灯"为核心，寄托人们对自然神灵的敬意、对过往过错的忏悔，以及对幸福与爱情的祈愿，被誉为"泰国最美节庆"。

第 5 章

典型照明设计案例及解析

5.1　规划尺度类照明案例

↘ 5.1.1　山东省聊城市城市照明专项规划设计案例

5.1.1.1　项目概述

规划范围：东至机场东路，西至德商高速公路，南至规划南苑路，北至规划北苑路，总用地面积约256km^2。规划期限：2021～2035年。

照明总体结构："一核、三带、四轴、五心、七区、多点"。

规划目标："风华水城享生态、两河明珠耀齐鲁"。

为加强城市照明管理，改善城市照明环境，促进能源节约，提升城市品质，坚持"规划先行"与"依法落实"相结合，旨在构建以人为本，安全舒适的城市光环境，不断促进照明事业的高质量发展。在聊城市城市管理局的带领下，积极组织开展聊城市城区照明专项规划的编制工作。

按照住房和城乡建设部2019年11月颁布的《城市照明建设规划标准》（CJJ/T 307—2019），城市照明建设规划分为城市照明总体设计、重点地区照明规划设计和城市照明建设实施三个阶段，各阶段都应保持一致性和延续性。城市照明建设规划应根据城市发展需求，调查研究城市自然地理风貌、历史人文特征、经济发展水平和现状建设情况，结合对政策和规划的解读、公众和专家咨询意见，确定城市照明发展的方向和目标。

5.1.1.2　案例介绍

（1）项目背景。聊城市主城区面积256km^2，区域辽阔，环境复杂，从2019年9月开始，项目团队多次到现场实地考察与测量数据（图5-1）。

2021年9月，项目组进行实地调研踏勘，使用无人机、照度仪、测距仪等专业设备进行数据采样

部门座谈
2022年5月24～27日，项目组在城管局的组织下与市政路灯科、东昌府区执法局、开发区市政中心、高新城市运营中心、旅游度假区城管局、市供电局、旅游发展集团等各相关部门进行走访座谈，深入了解各部门目前在管理、运营及维护中存在的问题和困难，使规划方案的编制更具切实性和落地性

（a）现场环境调研　　　　　　　　　　　（b）相关部门调研

图 5-1　现场调研及检测过程（山东建筑大学建筑设计院有限公司提供）

城市照明规划属于空间规划，底层逻辑是对人民需求的改善、政府相关政策的制

定与修订，其涉及城市的众多相关部门的治理要求。需要规划设计人员对城市各相关部门深度调研痛点需求，解决背后的关键难题。

最终确定了规划范围和规划年限。规划设计人员对全城典型区域进行实地影像调研和数据检测勘测，形成了公共开放空间、道路空间、建筑载体空间的亮度、光色等照明数据（图5-2）。

经过对各相关部门的访谈及现场检测，发现现状存在以下问题：

①缺乏整体规划，多为自发建设形成的散点，亮度、光色关系混乱，重要节点照明品质有待提升；

②部分广场存在无照明或照度不足现象，夜间活动存在安全隐患，市民幸福指数较低；

③河道两岸已具备基础的功能照明，重要节点景观照明品质有待提升。

（a）夜景调研实景

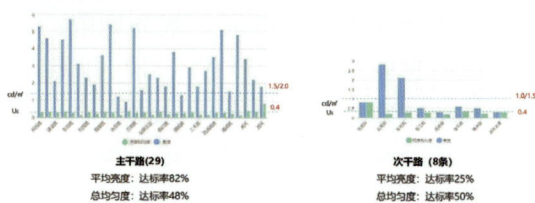

（b）调研数据汇总分析

图5-2　调研数据分析
（山东建筑大学建筑设计院有限公司提供）

城市照明规划的最大的利益相关人为市民，所以需要对市民进行抽样调研，在科技的加持下，可以选择的方式有现场问卷调研、文献查询、网络问卷调研等。本次对市民的调研采用网络问卷调研，发现市民对江北水城、文旅夜游、夜经济、水城明珠等发展情况比较关注。

（2）上位分析。对上位规划《聊城国土空间总体规划（2021～2035年）》及相关规划的解读如下。

①城市性质：冀鲁豫交界区域科教中心城市；国家历史文化名城；黄河下游先进制造业基地。

②城市发展目标："魅力宜居水城，活力枢纽城市"。

③中心城区空间结构：一廊穿城、双轴贯通、十字次轴；一廊穿城：徒骇河滨水廊道；双轴贯通：创新发展轴、古城历史轴；十字次轴：东昌路次轴线、柳园路次轴线。

④城市风貌引导：以"江北水城、运河古都"为市区的风貌主题定位，划分八类分区，即古城风貌区、徒骇两岸风貌区、创新产业风貌区、现代文体风貌区、高铁商务风貌区、度假休闲风貌区、商贸物流风貌区、都市基底风貌区。综合以上访谈及文献资料的研究和多轮讨论，对聊城市城市照明的规划定位为：风华水城享生态，两河明珠耀齐鲁。

（3）规划架构。规划原则是：人本照明为基，建设民生照明，科技赋能助力，落实双碳政策；创新管理模式，提升夜景品质。

根据规划原则，形成照明的总体空间布局，然后分别对亮度控制、色温控制、动态控制在总体指标上设置指标数据，使用规划图表的方式形成规划图集（图5-3）。

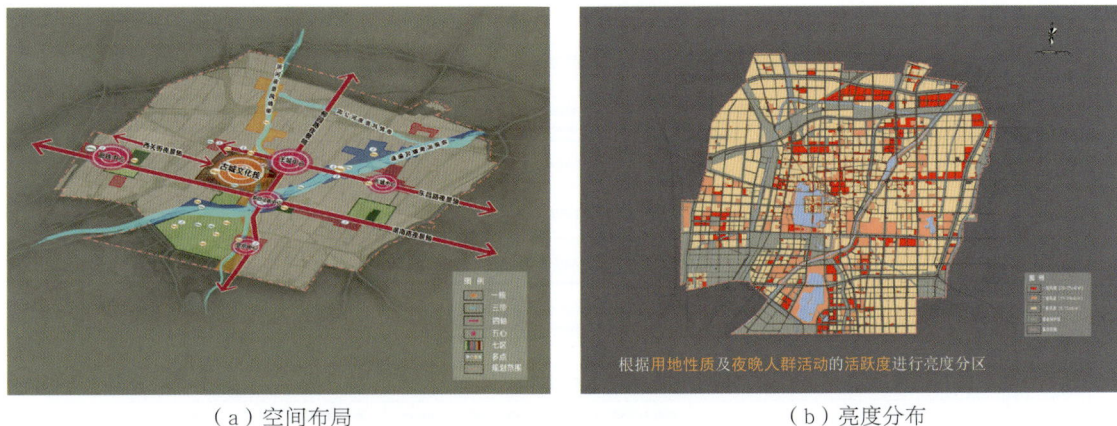

（a）空间布局

（b）亮度分布

图 5-3　总体空间布局（山东建筑大学建筑设计院有限公司提供）

　　重要节点位置形成主要节点的照明效果表现图，在形象上辅助指标的理解和落实（图5-4）。

（a）城市鸟瞰夜景示意

（b）城市门户夜景示意

图 5-4　东昌路主轴效果图（山东建筑大学建筑设计院有限公司提供）

　　细节上，需要落实每类空间的分类层次及每类的指标数据，便于管理部门进行管理和建设部门的指标查询（图5-5）。

❑ 亮度规划

要求各主干路、次干路、支路满足以下照明标准值

道路级别	道路类型	道路名称	路面亮度		路面照度		眩光限制阈值增量 TI(%)最大初始值	环境比 SR最小值
			平均亮度Lav (cd/m²)维持值	总均匀度 U₀最小值	纵向均匀度 UL最小值	平均照度 Eh, av(lx)维持值	均匀度 UE最小值		
一级道路	快速路、主干路	结构性主干路："七横""六纵"；一般性主干路："十一横""十纵"	1.50/2.00	0.4	0.7	20/30	0.4	10	0.5
二级道路	次干路	中心生活服务区、东部产城新区、南部旅游商贸区、北部工贸物流区、京九铁路以西地区各次干路	1.00/1.50	0.4	0.5	15/20	0.4	10	0.5
三级道路	支路	规划范围内剩余其它机动车道、非机动车道、人行道及公园、广场内人行道路	0.50/0.75	0.4	—	8/10	0.3	15	—

注：
(1)表中所列的平均照度仅适用于沥青路面，若系水泥混凝土路面，其平均照度值可相应降低30%；(2)表中各项数值仅适用于干道路面；
(3)表中对每一级道路的亮度和照度给出了两个标准值，"/"的左侧为低指标，右侧为高指标；(4)通向大型公共建筑的主要道路、位于市中心和商业中心的道路，执行一级照明。

级别	道路类型	路面平均照度Eh, av(lx)维持值	路面最小照度Eh, min(lx)维持值	最小垂直照度Ev, min(lx)维持值	最小半柱面照度Esc, min(lx)维持值
人行道与非机动车道照明标准值					
1	商业步行街；市中心或商业区行人流量高的道路；机动车与行人混合使用、与城市机动车道路连接的居住区出入道路	15	3	5	3
2	流量较高的道路	10	2	3	3
3	流量中等的道路	7.5	1.5	2.5	1.5
4	流量较低的道路	5	1	1.5	1

注：最小垂直照度和半柱面照度的计算点或测量点均位于道路中心线上距路面1.5m高度处。最小垂直照度需计算或测量通过该点垂直于路轴的平面两个方向上的最小照度。

图5-5　功能照明规划指标（山东建筑大学建筑设计院有限公司提供）

在城市照明功能照明方面，制订了多功能路灯系统，聊城市的旅游品牌为"江北水城、运河古都"，古风古韵的文化积淀加上智慧景区的传递，使文化展示与旅游体验更上一个新台阶，智慧景区的建设离不开大数据的采集和智能模块的互动（图5-6）。

（a）分析图

<table>
</table>

总控中心	
主要负责区域控制中心及节点终端下所有业务与数据的整体协调;通过服务器群实现视频效果分割处理、内容发送、节点状态管理等;提供人机交互操作界面。	总控集控台　服务器集群(核心服务器、数据库服务器、地图服务器、媒体处理服务器、供电服务器)　授时器　移动终端　防火墙 路由器　交换机　UPS电源
区域控制中心	
获取总控中心指令,对下属节点终端进行数据传输、亮化效果控制、节点故障反馈等。	分控集控台　授时器　UPS电源　移动终端　防火墙 路由器　交换机
节点终端	
受控于总控中心及区域控制中心指令,实现控制命令和节目效果传达、对强、弱电进行控制管理、策略配置和参数反馈等。	节点主控器　节点控制柜　交换机　灯光分控器　矩形控制终端　授时器　供电控制终端

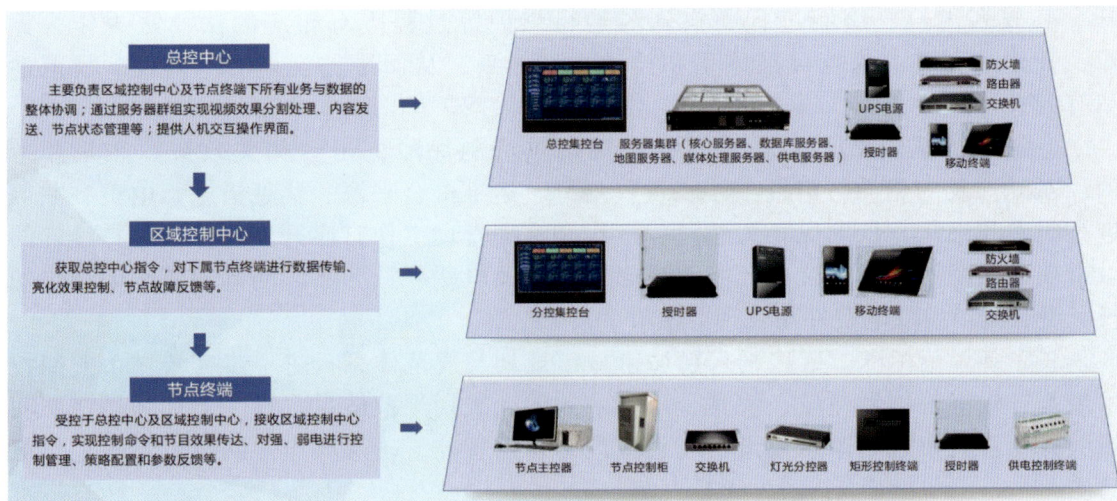

智慧管理平台

功能照明	景观照明	显示屏	灯光秀、互动		智慧灯杆
远程控制	同步联动	节目切换	投影启闭	雾森控制	远程控制
远程遥测	节目切换	音响控制	电脑启闭	喷泉控制	远程控制
远程遥信	场景控制	文件管理	音响控制	传感器检测	远程控制
远程遥调	文件管理	文件传输	播放控制	节目切换	远程控制
远程遥视	视频切割	安全加密	音量控制	节目编排	远程控制
故障报警	文件传输	远程预览	控台控制	一键启闭	远程控制
耗能管理	安全加密	一键启闭			远程控制
工单管理	视频监视	实时监视			远程控制

(b)照明控制系统

图5-6　多功能路灯系统(山东建筑大学建筑设计院有限公司提供)

全城设置智慧管理平台系统架构,对全城的灯光启闭、电量控制、数据监测、故障反馈实施治理。

(4)分期建设。在分期建设方面,制订了近期建设计划和远期建设计划,为项目的顺利落地提供可靠的抓手。

①近期建设(2022~2025年)为美好夜景打好稳固基础。在本规划的指导下,应结合城区的发展建设和运维管理的实际情况,开展更深层次的分区照明规划的编制及修编工作,进一步梳理各级照明要素,因地制宜,提出照明管控指引及措施建议。

②远期建设(2031~2035年)体现品质,打造城市夜景名片。结合近期建设中的光污染综合整治经验,参照本规划及相关规划、规范,待城市整体功能照明建设较为完善,城市级夜景品牌逐渐成型后,将采用先进的照明、控制技术,对核心载体的照明进行进一步的优化,延续已经形成的夜景意象的同时,使其在照明设计及建设水平上真正迈向精细化,并推行更加适合聊城及具体项目的城市灯光运营模式,让未来城市照明的建设达到社会及经济价值的最大化,成为城市整体运营的重要组成部分,从而实现水城独有夜景名片,形成聊城特色的夜景品牌。

(5)完善法规、标准体系。城市照明专项规划作为城市规划的重要组成部分，其规划内容、编制过程、实施与运行维护等过程应有相应的法律法规作为保障，并建立完善的规范标准体系和技术指引体系，从而维护规划的严肃性、规范性和有效性。

①完善法规规章。为有效实施规划提供法制保障，出台相关政策、法规和条例，对其涉及的建设与审批主体、责权划分、运维资金来源、奖惩措施、电费补贴等进行明确和细化，以确保相关建设、运行和维护管理工作有序开展，保证可持续性的城市夜景照明效果，建议出台照明设施维护费及电费补贴办法，明确建筑照明设施的投资费、维护费及电费补贴管理办法。

②完善规范标准。依法纳入聊城市城市规划及规范体系，进一步完善城市照明技术规范、标准等体系建设，使其合法有效地纳入规划规范体系，进一步加强城市照明指引，完善城市规划体系建设，对相应内容进行管控，确保城市照明建设更规范、更高质。

5.1.2 济南新东站片区照明详细规划设计案例

5.1.2.1 总体概况

济南新东站片区面积约为46.5km²；其中东站核心区总用地面积约5.3km²，定位为打造齐鲁新枢纽、泉城次中心、魅力宜居城、齐鲁总部枢纽门户、泉城水韵动能新城。

济南城市总体规划中东站片区的作用是济南实施"东拓、北跨"空间发展战略的关键节点和辐射周边城市的首要承接点。打造全国重要的区域性经济中心、金融中心、物流中心和科技创新中心，建设与山东经济文化强省相适应的现代化泉城。实施"东拓、西进、南控、北跨、中优"的城市空间发展战略，积极引导城市布局沿东西两翼展开，严格控制城市向南部山区蔓延，适时跨越黄河向北部发展，优化旧城区城市功能，全面提升城市品质。城市发展框架结构：一主一副、五次中心、十二个区域中心、两个卫星城。

5.1.2.2 设计范围

济南新东站片区北至济青高速，南至胶济铁路，西至大辛河，东至东绕城高速公路，东站核心区位于外环路以南、凤凰路以东，沿龙脊河两侧至工业北路。济南东站片区位于济南市主城区东北部，历城区中东部，距老城约10km，距CBD（中央商务区）约6km。该片区是济南市总体规划所确定的五个城市次中心之一，是济南实施"东拓、北跨"空间发展战略的关键节点和辐射周边城市的首要承接点。

济南新东站片区北至济青高速，南至胶济铁路，西至大辛河，东至东绕城高速公路，面积约为46.5km²。其中东站核心区位于外环路以南、凤凰路以东，沿龙脊河两侧至工业北路，总用地面积约5.3km²。

5.1.2.3 环境分析

（1）自然生态环境

①景观资源。济南新东站片区拥有丰富的自然景观资源。

②生态保护。政府注重对生态环境的保护，设立饮用水水源一级保护区，维护区域内的生态平衡和水资源质量。

（2）居住生活环境

①居住条件。片区内有不少新建的住宅项目，为居民提供高品质的居住空间。

②生活配套。交通方面，济南新东站作为重要的交通枢纽，为居民提供便捷的出行条件。

（3）人文环境

①文化底蕴。济南作为历史文化名城，拥有深厚的文化底蕴。济南新东站片区在规划建设中，注重融入当地文化元素，有助于传承和弘扬济南的历史文化。

②教育资源。龙泉府项目周边拥有多所优质学校，为居民提供良好的教育资源，这对于营造浓厚的文化氛围和培养人才具有重要意义。

（4）城市景观环境

①建筑风貌。济南新东站片区的建筑设计注重现代感与艺术感，部分建筑融合了现代审美与当地特色，提升城市形象的同时，也展现独特的地域风格。

②公共空间。济南新片区内规划有大量的公园绿地和公共开放空间，为居民提供了丰富多样的休闲活动场所，提升了城市的宜居性和舒适度。

（5）照明现状。2017年济南以"一环一湖"为主体重点区域，先行启动夜景照明建设。现场夜景照明建设效果良好，成果显著。济南市夜景照明总体规划已经编制完成。济南新东站片区作为城市次中心之一，照明专项规划应同时启动。

对周边环境的各个角度和层次进行深入影像调研，分析现状的优缺点和市民满意度情况（图5-7）。

（a）"一环一湖"夜景　　　　（b）"一环一湖"夜景　　　　（c）龙奥大厦周边夜景

（d）会展中心周边夜景　　　　（e）齐鲁软件园周边夜景　　　　（f）汉峪金谷夜景

图5-7　周边夜景实景（济南三迪光电科技有限公司提供）

5.1.2.4　规划依据

相关规划文件如下。

①《中华人民共和国城乡规划法》。

②《济南市城市总体规划》（2011～2020年）。

③《山东省新旧动能转换重大工程实施规划》。

④《济南市户外广告和牌匾标识专项规划》。

⑤《济南市城市照明总体规划》。

⑥《济南东站地区TOD规划》。

⑦《济南东站片区控制性详细规划》。

⑧《济南东站地区核心区城市设计》。

⑨《济南东站地区核心区功能策划》。

⑩《济南东客站地区交通组织规划》。

⑪《东站片区市政专项规划》。

⑫《济南东客站综合交通枢纽规划》。

⑬《济南东客站站房设计》。

⑭《东客站枢纽功能策划》。

⑮《华山一白泉景观廊道概念方案设计》。

⑯《东站区域民俗历史文化研究课题》及片区推介材料。

⑰《东站片区产业策划》。

⑱规划范围内建筑、景观设计方案及效果图。

⑲《城市道路照明设计标准》（CJJ 45—2015）等照明相关标准、规范。

5.1.2.5　上位规划

本规划旨在征集照明规划的先进理念，按照"世界眼光、国际标准、泉城特色、高点定位"的要求，进行济南东站片区照明专项规划设计。打造体现济南市经济社会发展的"活力夜景"，体现传统风貌特征的"特色夜景"，体现高科技、高效率、节能环保的"科技夜景"，塑造安全、舒适、富有活力和创造力的"品质夜景"。

（1）规划策略

①整体规划，从宏观意义上把控东站片区的照明规划布局。

②重点设计，对重要节点重点对待，达到提升区域整体形象的目的。

③分期实施，按照步骤分步实施，控制财政支出比率。

④统一管理所有照明设计，都有统一的指导和规范，延续规划设计的意义。

（2）规划方法。在解读东站片区空间结构的基础上，以"立体城市"概念分三个层次进行灯光表现。第一层次：路网空间，第二层次：建筑空间，第三层次：开放空间（图5-8）。

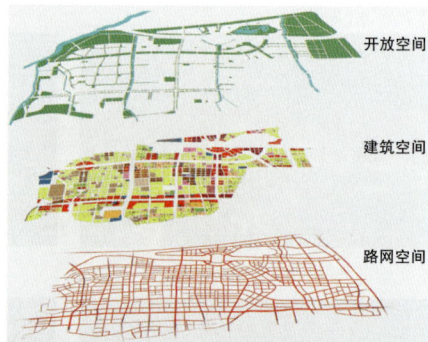

（a）空间解析

（b）用地性质图

图5-8　城市空间解读（济南三迪光电科技有限公司提供）

空间结构上分为水系、绿地、城市三部分，空间结构理念分别是水为魂、绿为衣、城为骨，来体现泉城特色、生态理念以及新城定位（图5-9）。

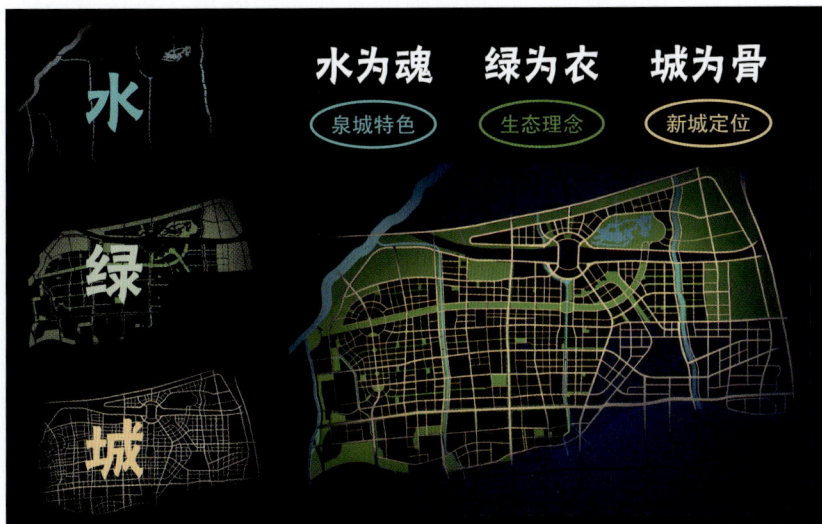

图 5-9　空间结构（济南三迪光电科技有限公司提供）

规划主题为：水映泉城、光绘新区。

5.1.2.6　规划布局

规划布局为：三轴、两廊、一带、多点（图5-10）。

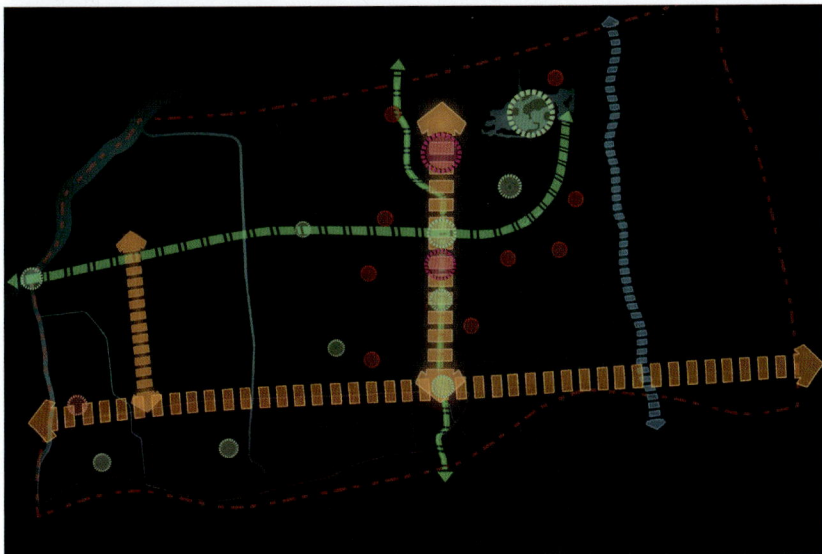

图例

▬▬▬◆　三轴：龙脊河——城市综合发展轴、奥体中路城市综合发展轴、工业北路城市综合发展轴

･･･････　两廊：华山——白泉景观廊道、龙脊河景观廊道

⋮　一带：韩仓河生态景观带

●●●○○　多点：区域内重要交通、建筑、景观节点

图 5-10　夜景规划布局图（济南三迪光电科技有限公司提供）

　　科学合理的规划布局是形成城市夜景观整体意向的基础，也是宏观指导城市景观照明建设工作的战略决策。

　　为形成明暗得当、层次分明、结构清晰的景观照明效果，将区域整体环境设置亮度分区，分别为照明重点区域、照明一般区域、照明保护区域（图5-11）。

图例

　■ 高亮度区　　■ 中高亮度区　　■ 中低亮度区　　■ 低亮度区　　■ 暗夜环境

图 5-11　亮度分布图（济南三迪光电科技有限公司提供）

　　（1）照明重点区域。分为高亮度区和中高亮度区，高亮度区范围为城市综合发展轴（龙脊河——城市综合发展轴、工业北路城市综合发展轴）区域重要景观节点（东站交通枢纽、裴家营交通枢纽、万虹广场等）；中高亮度区范围为城市综合发展轴（奥体中路城市综合发展轴）景观廊道（华山——白泉景观廊道、龙脊河景观廊道）片区内商业、娱乐、办公区域。

　　（2）照明一般区域。为中低亮度区，中低亮度区范围为韩仓河生态景观带、白泉生态湿地公园、社区中心。

　　（3）照明保护区域。分为低亮度区和暗夜环境区，低亮度区范围为普通居住区、文物古迹控制区（大辛遗址公园等）；暗夜环境区范围为生态保护区，以保护暗夜天空为主。

　　光色分布：东站片区确定暖白光为其夜景环境的基底色温（图5-12）。

　　对轴线、廊道上的载体形成查询表格（表5-1）。

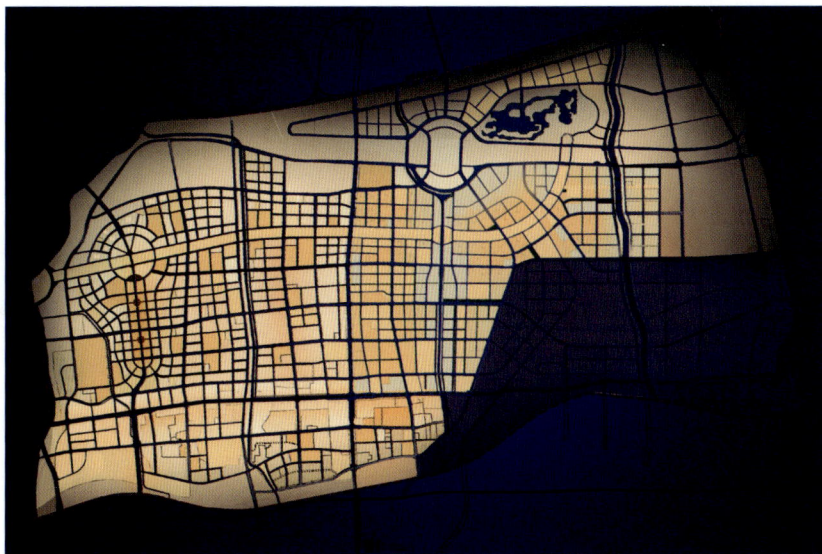

图例

▨ 4000K为主色调+局部彩色光+缓慢动态光

▨ 3000K为主色调+动态光+彩色光

▨ 2800K为主色调+静态光

图 5-12 光色分布（济南三迪光电科技有限公司提供）

表 5-1 区域光色及动态指标表格汇总（济南三迪光电科技有限公司提供）

结构布局	分布区域	环境色温/K	彩色光			动态光		
			适当	少量	慎用	适当	缓慢	慎用
三轴	龙脊河——城市综合发展轴	4000		√			√	
	工业北路城市综合发展轴	3500		√			√	
	奥体中路城市综合发展轴	3000	√			√		
两廊	华山——白泉景观廊道	4000	√				√	
	龙脊河景观廊道	4000	√			√		
一带	韩仓河生态景观带	4000		√			√	
多点	东站交通枢纽	4000		√			√	
	裴家营交通枢纽	4000		√			√	
	白泉湿地公园	4000			√			√
	万虹广场	3500	√			√		
	社区中心	3000			√			√

5.1.2.7　分区定位

（1）济南新东站核心区。济南新东站核心区是生态、绿色、活力、品质的枢纽型城区东站交通枢纽（表5-2）。

表 5-2　色温布局定位（济南三迪光电科技有限公司提供）

功能分区	夜景氛围	环境色温
综合交通枢纽配套服务区	开放、现代、恢宏、大气	光色以暖黄和暖白色为主，局部可采用动态彩色光
都市现代商务服务区	现代、大气、时尚、高雅	光色以暖白色、中性白为主，局部可采用动态彩色光
创新教育社区	简洁、宁静、高雅	整体亮度不宜过高，光色以暖白色和金黄色为主，不宜过多使用动态和彩色光
会议会奖旅游区	时尚开放、多元包容	主体光色选择暖黄和暖白色，局部可使用彩色光
产业服务社区	简洁、明快	主体光色选择暖白或冷白色
智慧居住社区	温馨、舒适	以暖黄色、暖白色为主
创新创业社区	高效、专业、明快	以中性白、冷白色为主，局部可使用彩色光
康养服务区	温馨、舒适	以暖黄色、暖白色为主
金融服务区	繁华热闹、时尚现代	以暖黄色、暖白色为主色调，动静结合
站前商务服务区	简洁、现代	光色以暖白色、中性白为主
生态康养社区	舒适、宜人	以暖黄色、暖白色为主
生态休闲旅游区	休闲、活力	以暖黄色、暖白色、中性白为主，缓慢动态光
城乡融合示范社区	简洁、宁静	以暖白色或冷白色为主

（2）济南新东站片区（核心区外）。济南新东站片区（核心区外）划分区域类型如下。

①居住片区——生态活力居住、文化生态居住区、高端人才居住区、滨水休闲居住区、智慧科技居住区。

②工业片区——济钢创智城。

③生态片区——白泉景区。

④科教片区——教育云基地。

⑤商贸片区——商贸活力区。

区域照明方式及示意见表5-3。

表 5-3　区域照明方式及示意（济南三迪光电科技有限公司提供）

照明区域	照明方式	照明示意
居住片区	以暖光营造温馨、舒适的灯光氛围，提升居住区品质。严格避免对居民形成光干扰。建筑立面采用低能耗、低亮度的装饰照明，不做大面积的泛光照明	
工业片区	以低色温、低照度再现济南传统工业文化独有的魅力。精简概括的照明方式展现传统工业风貌，体现对济南工业文化的传承与发扬。打造城市具有特殊文化背景的亮点区域，成为东站片区鲜明的夜景特征	
生态片区	满足功能性照明的前提下兼顾夜景景观的观赏性。以高显色白光为主，还原自然景观，展现生态主题。塑造自然、舒适的夜间氛围	
科教片区	夜间照明整体亮度不宜过高，光色以暖白色和暖黄色为主。照明手法不宜过多，不宜使用动态和彩色光。应严格控制眩光和光污染，照明设施应有较好的安全保障	
商贸片区	夜景建设的重点区域。照明强调商业氛围，把内透光、广告标识、装饰灯光有机结合。结合动态光，采用控制性比较好的灯光设备，适应商业上的变化要求，体现商贸区繁华热闹	

道路照明规划如下。

①道路照明规划目标

a.为驾驶人员、行人提供舒适安全的视觉环境，保证交通安全。

b.创造舒适宜人的夜晚环境氛围，美化城市夜间环境。

②道路照明规划原则。安全可靠、技术先进、经济合理、节能环保、维修方便。

a.节能示范——选择高效光源及灯具，通过规划设计达到国家规定的节能标准。

b.科技创新——利用高科技及节能灯具，创新规划设计。

c.体现区域特点——灯具造型体现济南城市文化特点以及东站片区区域特色。

d.灯型简洁明快——以大气、简洁的造型为原则。

e.功能优先——合理选择灯具及布置方式，满足基础的功能照明需求。

f.结合远期景观照明发展的需求——完善照明系统的功能性同时兼顾照明系统的美观性。

g.统一管理、高效运作。

③道路照明规划构思。功能照明的达标是城市夜景建设的根本（图5-13）。

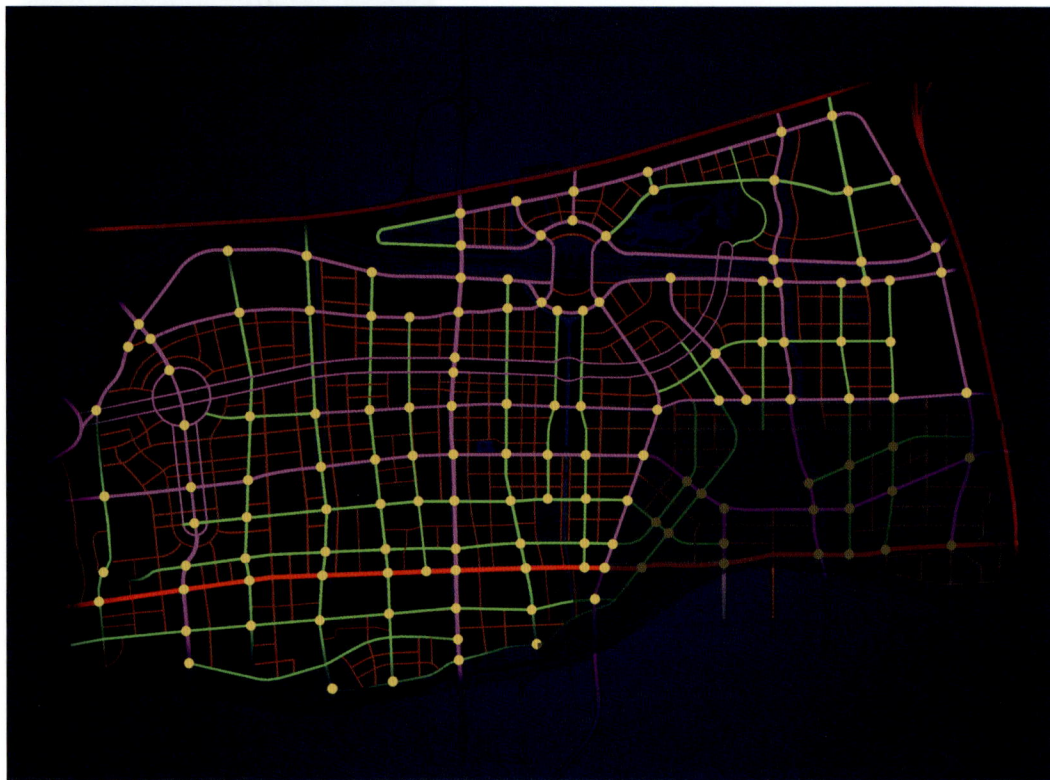

图例

▬	快速路	平均照度维持值：30lx
▬	主干道	平均照度维持值：30lx
▬	次干道	平均照度维持值：20lx
▬	支路	平均照度维持值：10lx
●	道路交汇区	平均照度维持值：30lx

图 5-13   道路照明照度规划（济南三迪光电科技有限公司提供）

a.采用"分级"的规划思路，形成网格状的夜景框架。

b.按照《城市道路照明设计标准》（CJJ 45—2015）中的相关规定，道路照明可分为快速路和主干路、次干路、支路三个级别。

c.同一级别道路采用相同或相似的灯具种类，在颜色、灯杆的样式、艺术性上变化，达到主次分明、统一、流畅的效果。

d.提高照明景观轴线与照明框架道路亮度，使东站片区的道路照明骨架结构更为清晰。

e.根据轴线景观要求适度采用景观式道路照明灯具体现城市特色。

f.注重节能、环保，体现绿色照明。

④道路照明设计方案。市政道路：整体设计。

a.按照相应规范及城市实际情况，确定设计标准，统一执行。

b.灯具：高压钠灯，150W/250W/400W/400W（射灯）。

c.灯杆：主要为10m/12m（匝道部分采用9m灯杆），路口采用16m中杆灯。热镀锌喷塑锥形钢杆，杆体的设计风速不小于35m/s，2.5m以下刷防锈漆。

d.每个灯杆内安装单灯控制仪，实现后半夜降功率运行，并在灯杆上配套路灯标牌。

e.布置方式：基本统一为双侧对称（部分路段采用其他形式）。

f.间距：按规范要求≤灯杆高度的3.5倍。

g.箱变：干式箱式变电站，1~1.5km一台。

中杆灯布置原则如下。

a.支路与支路相交路口，布置一盏三头中杆灯或者不布置。

b.支路与次干路或者主干路相交路口，布置两盏三头中杆灯。

c.次干路与次干路或主干路相交路口，布置四盏三头中杆灯。

d.主干路与主干路相交路口，布置四盏六头中杆灯。

5.1.2.8　水之魂——龙脊河城市建设发展轴

（1）平面分析。龙脊河城市建设发展轴连接城市门户的通道采用4000K暖白光色，表现"开放、现代"的都市形象。以水元素为照明主题，彰显虚实呼应、水城交融的"泉城"独特夜景形象。龙脊河水面采用低照度，搭配动感与彩色光，表达水之活力（图5-14）。

图例
第一层次　　第二层次　　第二层次

平面层次	亮度	光色
第一层次	高亮度	4000K
第二层次	中亮度	3000K
第三层次	低亮度	白光+彩光

图 5-14　平面层次分析（济南三迪光电科技有限公司提供）

（2）立面分析。立面层次规则及效果，如图5-15所示。

图例： ▢ 第一层次　▢ 第二层次　▢ 第三层次

（a）分析

（b）效果图示意

图5-15　立面层次规则及效果示意（济南三迪光电科技有限公司提供）

高、中、低不同亮度；中性白、暖白色、暖黄色不同色温分层表现龙脊河轴线建筑立面。表现层次丰富的夜间景观、展现现代都市品质和宜居新城形象（表5-4）。

表5-4　立面层次光色及亮度分层（济南三迪光电科技有限公司提供）

立面层次	亮度	光色
第一层次	高亮度	4000K
第二层次	中亮度	3500K
第三层次	低亮度	3000K

（3）景观照明。选取人流聚集的开放节点，穿插动感与色彩，表达繁华活力的都市氛围，提高城市可识别度。①站北广场+站北商务区；②站南广场+站南商务区；③市民集会交流广场；④裴家营交通枢纽广场；⑤门户商务休闲广场（图5-16）。

图5-16　平面与立面区域对应关系（济南三迪光电科技有限公司提供）

（4）重要节点效果示意及模式设定，如图5-17所示。

（a）节点

（b）节点

（c）节点

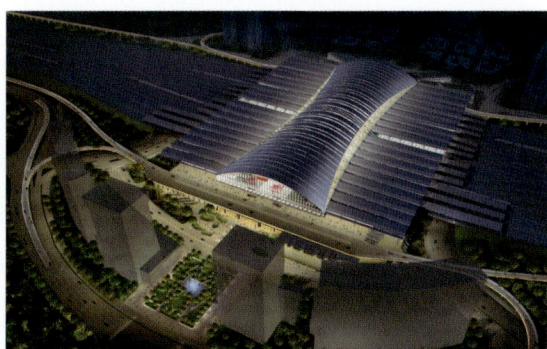

（d）节点

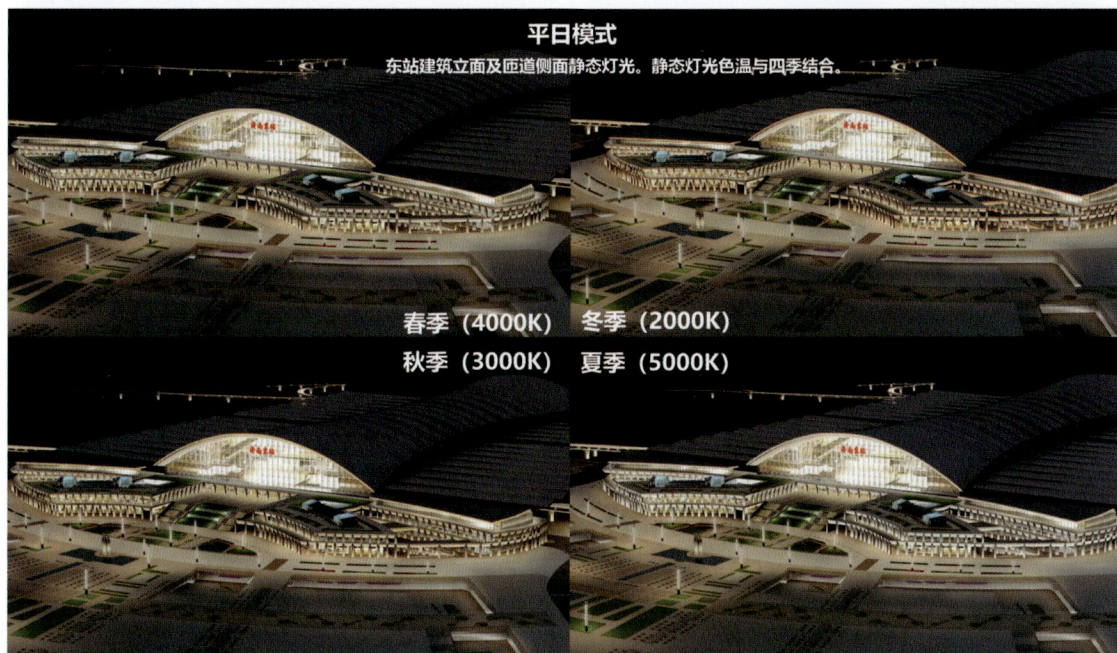

（e）模式设置说明

图 5-17　重要节点效果示意及模式设定（济南三迪光电科技有限公司提供）

5.2　建筑构筑物类照明设计案例

↘ 5.2.1　山东费县颜真卿公园鲁公阁夜景提升案例

5.2.1.1　概述

颜真卿公园
夜景提升

颜真卿公园位于山东省临沂市费县城南外环路以北、温凉河西岸。
公园依河岸地势而建，主要包含文化主题区、文化纪念区和文化休闲区三个功能分区，公园内建有颜真卿博物馆、书法广场、鲁公湖、鲁公祠、鲁公阁、船坊、颜真卿会馆、科技馆、城市展览馆等。文化主题区和纪念区雕梁画栋、斗栱飞檐，内有游廊相连，体现的是唐代建筑的风格特点。文化休闲区为右后方蓝色半球体建筑的科技馆和波形立面建筑的城市展览馆，体现现代风格。颜真卿公园文化纪念区主要以唐代风格建筑为主，自南向北依次布置鲁公庙、颜真卿纪念馆、颜真卿会馆，相互之间用连廊连接（图5-18）。

图 5-18　颜真卿公园景色

颜真卿公园具有浓厚的传统文化底蕴，2023年，临沂费县发布4条"道中华·沂蒙行·费县游"旅游线路，颜真卿公园作为"学颜体·敬忠烈"书法文化学习旅游线路重要组成部分，联合学校开展活动80余次，接待师生2万余人。颜真卿公园全年对外开放，每天有千余人参观游览。

5.2.1.2　项目背景

颜真卿公园夜景建设已经多年，很多线缆开始破损，灯具出现频闪、光衰、飘逸等情况（图5-19和图5-20）。

图 5-19　提升前夜景实景（一）（北京清瑜同绘规划设计有限公司提供）

图 5-20　提升前夜景实景（二）（北京清瑜同绘规划设计有限公司提供）

园区内所有建筑及道路之间夜色出现三类问题。

①亮度分布主次不突出，动静无分区；鲁公阁建筑动态不足，雕塑等及主园路配景亮度待提升。

②建筑特色彰显不足：建筑斗栱特点表现不足。

③风格问题：现代风格与古建风格夜景冲突。

经过对济南超然楼、大明湖夜游/南昌滕王阁等景区的夜景考察，对标古建类建筑照明手法及风格，本案例有四大目标：

①基础照明方面，还原恢宏大气的唐代建筑风格；

②文化照明方面，传承真卿文化历史人物的事迹和精神；

③景观照明方面，打造通透明亮的景观氛围照明；

④演绎照明方面，在适当时刻建设动态流动声、光、电融合的视觉盛宴。

在建设中总结四字方针：微、改、精、提。

具体为利旧：深入勘察，争取使用原线路。

提升：灯具破损的，完善线路，例如南大门。

新建：鲁公阁、龙舟、雕塑巨石、真卿雕塑。

统筹：规划灯光层次，纳入统一控制，增设智能控制模块。

5.2.1.3　方案设计

凝练设计主题：览真卿故里风采，感活力费县精彩。

颜真卿公园总体鸟瞰效果见图5-21。

依次对公园的主要入口、庭院、广场及楼阁进行效果概念绘制（图5-22）。

鲁公阁是整个园区的制高点，从公园内外都可以清晰地看到屋顶，但是距离稍远一些就难免被其他建筑遮挡（图5-23）。

图 5-21　颜真卿公园总体鸟瞰效果
（北京清瑜同绘规划设计有限公司提供）

（a）公园入口

（b）公园广场

（c）公园泊水岸

图 5-22　颜真卿公园内部效果图节点（北京清瑜同绘规划设计有限公司提供）

图 5-23　建筑白景及夜景中视角观看对比（北京清瑜同绘规划设计有限公司提供）

为了拔高建筑的气势感，增强鲁公阁与"留长"雕塑、城市客厅的三足鼎立之势，所以在鲁公阁建筑顶部和"留长"雕塑顶部都安装激光照明（图5-24）。

图 5-24　自由路观颜真卿公园视角（北京清瑜同绘规划设计有限公司提供）

鲁公阁建筑底部有偌大的广场，是市民晚上跳舞、娱乐的地方，为了增添更多的背景氛围色彩感，将鲁公阁的建筑立面照明做成媒体立面方式，对所有灯具的灯光进行智能化控制，整个立面可以行云流水般随着音乐的起伏而亮起（图5-25）。

经过整个精细建设，保护建筑的结构，避免灯具白景影响白天景观，灯具和线缆安装时都做了精细化处理，例如遮光板的安装、建筑同色的处理等，最终实现设计的效果（图5-26）。

图 5-25　鲁公阁外立面夜景模式设定（北京清瑜同绘规划设计有限公司提供）

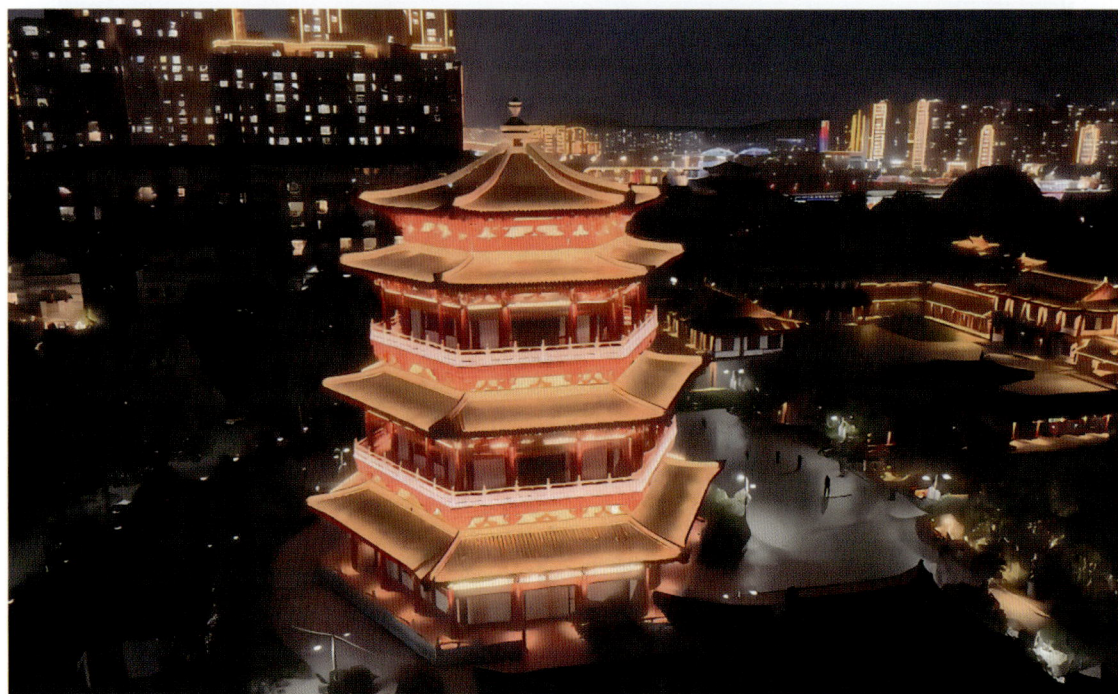

图 5-26　颜真卿公园鲁公阁夜景实景（北京清瑜同绘规划设计有限公司提供）

5.2.2 温州奥体中心建筑及相关夜景案例

温州奥体中心主体育场作为2022年第19届杭州亚运会设立的分赛区之一，建筑外立面夜景设计也将延续杭州亚运会办赛宗旨，将核心主题图形"润泽"、主题色彩系统"淡妆浓抹"等一系列亚运元素，融入本次奥体中心的建筑外立面照明提升中（图5-27）。

图5-27 文化及色彩设计分析（温州设计集团有限公司提供）

设计以"韵律""涌动""柔美"为主题理念，对体育场、综合馆进行夜景照明设计（图5-28）。

（a）实景1　　　　　　　　　　　　　（b）实景2

图5-28 奥体中心夜景实景（温州设计集团有限公司提供）

温州体育中心体育场承办了2022年杭州亚运会足球小组赛。整个提升工程包含室外附属工程、建筑外立面工程和室内装修工程（图5-29）。

项目选取杭州亚运会"润泽"的主题，设计以瓯江潮水波涌的黄色为主基调，结合亚运会的映日红、月桂黄、水光蓝、湖山绿为主要配色。从近人视角、城市视角和无人机航拍视角切入，全方位、多角度地展现亚运会场馆夜间环境氛围，提升亚运会场馆形象，同时遵循市人民政府办公室颁布的《温州市人民政府办公室关于印发温州市区景观亮化运行管理实施方案的通知》（温政办〔2018〕93号）文件，控制不同时段亮灯时间，达到节能的目的（图5-30）。

图 5-29 温州体育中心体育场项目实景夜景（温州设计集团有限公司提供）

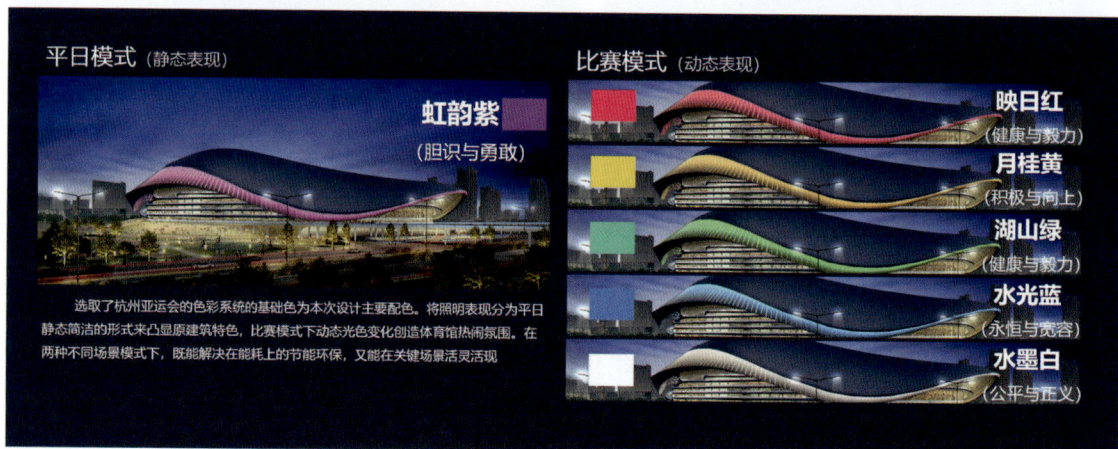

图 5-30 温州体育中心体育场项目文化及色彩应用（温州设计集团有限公司提供）

  温州体育中心整体提升工程（亚运会亮化提升工程）设计作为整个提升工程的重要内容之一，整体以韵律、活力、智慧为设计理念，力求展现温州城市的柔美韵律以及向上的体育精神，并与周边的置信广场、世贸大厦等地标超高层塔楼呼应，形成很好的城市互动（图5-31）。

（a）实景1

（b）实景2

（c）实景3

（d）实景4

图 5-31　体育中心夜景实景（温州设计集团有限公司提供）

　　温州机场口复绿工程（花开温州）位于浙江省温州市龙湾区机场大道与沙前路交汇。本项目设计的灵感取自"东部芯，城市窗"的城市设计主题，采用温州市花茶花所做的花灯，组成一幅光影流动的温州地图景象。在夜晚，设计团队以动态光影手法，结合花海地图为载体，展现温州城市门户形象。在白天，设计团队将花海融入景观地景设计，选择同一色系的四种不同颜色拼凑出紫粉色系的温州地图（图5-32）。

（a）夜景实景

（b）白天实景

图 5-32　花海鸟瞰实景夜景（温州设计集团有限公司提供）

　　此款花灯结构上采用隐藏式设计，灯头和花托采用不同的制作工艺，上部采用空心工艺，光源隐藏于其中，见光不见灯，底部花托可以遮蔽和阻挡LED光线，避免直视带来的不适感。光源采用一体化工艺成型，光源防护材质和电子线材质采用共混改性工程塑料，通过真空加热成型工艺，完美融合，防护等级达到IP68，抗紫外线，抗盐雾。

发光效果采用上下发光、上面七彩RGB灯光设计，逐点串行控制，用以打亮花头，实现不同变化和效果，下面发光用于打亮叶片，实现红花绿叶的效果。由于项目特性既要满足白天效果又要满足夜晚效果，市场上RGB花类灯具和灯罩均为白色灯罩，白天效果单一，不符合中国传统习俗，所以产品采用特殊工艺，经过改性配比，达到白天不亮灯时，实现不同阶梯的粉色效果，配合花头造型，实现不同梯度的粉色花朵。夜晚亮灯后实现各种变化的七彩效果，配合控制系统实现不同动画显示，亮灭兼具，完美结合，互不影响（图5-33）。

（a）夜景实景　　　　　　　　　　　　　　　　（b）白天实景

图5-33　花海景观细节（温州设计集团有限公司提供）

在正式施工前，进行了9种粉色灯罩的试验。平衡白天和晚上的效果，最终采用了三种粉色，来区分白天的色块，又不影响晚上的发光效果。排布上根据温州地图特点，采用了500~900mm的5种高度花灯。安装间距的横向间距是200mm，每排之间的距离是400mm，保证动画效果的同时又方便进入安装，温州台风比较严重，保证了灯具不会被损坏。

5.3　灯光秀演绎类案例

↘ 5.3.1　黄鹤楼夜游项目案例

黄鹤楼位于长江南岸的蛇山之巅，濒临万里长江，是"江南三大名楼"之一，自古享有"天下江山第一楼"和"天下绝景"之称。黄鹤楼每年接待海内外游客达数百万人次，是武汉市的地标式建筑，与晴川阁、古琴台并称"武汉三大名胜"。2018年4月，黄鹤楼完成了1985年复建后的首次大规模内部修复，对楼体的楹联、吊顶彩绘、立柱仿古漆等部件进行翻修，成为古典与现代熔铸、诗化与美意构筑的精品。2019年10月，第七届世界军人运动会（以下简称"军运会"）也在武汉成功举行，这是武汉历史上举办的规模最大、级别最高、影响最广的国际性赛事，承办这样的国际大型赛事，对武汉来说意义重大。后军运时代，为了把握好旅游大发展的有利态势，武汉市人民政府就黄鹤楼夜游项目开展了专项研究，黄鹤楼夜游项目可与长江灯光秀、"知音"号一同构筑起武汉长江夜游经济的核心框架，让武汉长江旅游能够真正"留得住人、留得住心"。

　　此次黄鹤楼夜游项目设计内容包含对黄鹤楼公园主楼及其建筑、步道、附属物进行亮化提升以及灯光秀（含控制系统）（图5-34）。

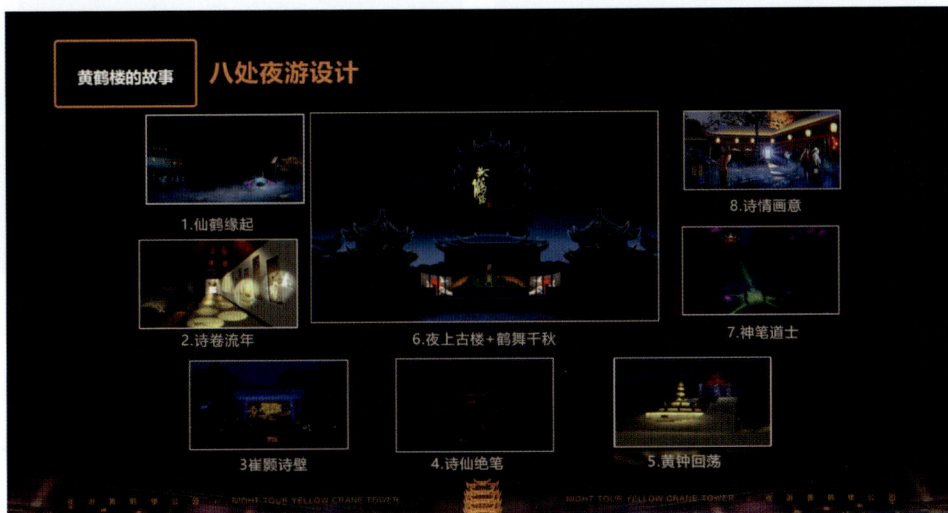

图 5-34　黄鹤楼夜游项目故事设定（良业科技集团股份有限公司）

　　在项目设计合理构思的基础上，对黄鹤楼公园进行现场勘查和目标策划。结合黄鹤楼独有的文化历史底蕴，通过应用先进的激光投影设备、激光设备，研发定制符合现场条件和可研规划的技术设备，设计内容包含黄鹤楼公园主楼及其建筑、步道、附属物进行景观照明提升、激光光影技术秀、声光电联合控制系统等（图5-35）。

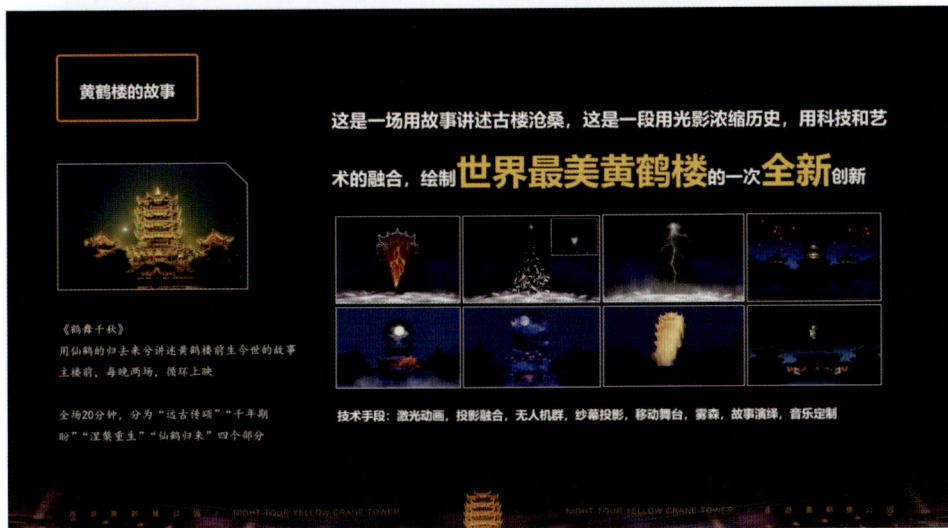

图 5-35　黄鹤楼主楼四篇章（良业科技集团股份有限公司）

　　项目工程开工时间2020年9月14日，竣工时间2020年12月10日，工期88天。主要包括黄鹤楼主楼、崔颢诗壁、诗碑廊、鹅池、西爽停车场演绎点的机械装置安装及其自动化控制系统、舞美包装装置设计及安装、水特效系统设计及安装、灯光设计及安装、音响、舞蹈编排及道具服装化妆、主题创意设计，其中还包括配合演绎点基础亮化和氛围营造灯光及沿途线路指引灯光、氛围音箱。项目施工载体主要包含建筑亮化、山体亮化、舞美装置、音响设备安装（图5-36）。

（a）分析　　　　　　　　　　　　　（b）效果示意

图 5-36　黄鹤楼夜游项目技术手段及效果（良业科技集团股份有限公司）

黄鹤楼夜游项目结合独有的文化历史底蕴，通过应用先进的激光投影设备、激光设备、研发定制符合现场条件和可研报告规划条件的技术设备，打造了一场夜游盛宴，成为武汉市夜间经济的"助推器"，推动夜间旅游的新产品（图5-37）。

（a）夜景实景图

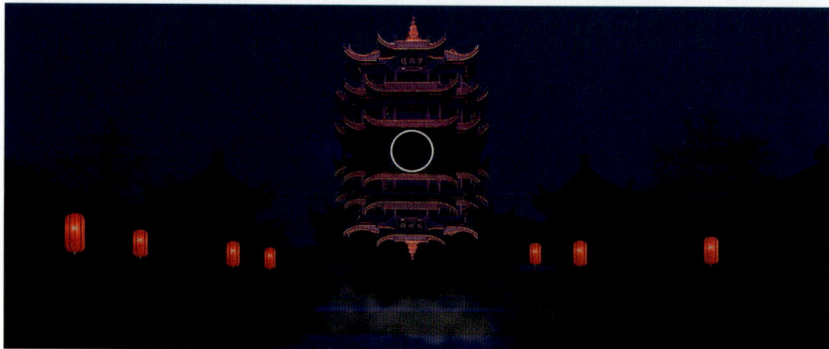

（b）夜景效果图

图 5-37　黄鹤楼灯光秀夜景实景现场（良业科技集团股份有限公司）

5.3.2　张掖七彩丹霞（阿兰拉格达）旅游景区夜游案例

张掖七彩丹霞景区位于甘肃省张掖市，总面积50多平方千米，作为世界地质公园、国家AAAAA级旅游景区，被评选为中国最美的七大丹霞之一、全球25个梦幻旅行地之一、最美中国旅游景区等荣誉称号。张掖丹霞地貌是中国干旱地区最典型和面积最大的丹霞地貌景观，是中国丹霞地貌发育最大最好、地貌造型最丰富的地区之一。数以千计的悬崖山峦呈现出鲜艳的丹红色和红褐色，当地裕固族群众称为"阿兰拉格达"，意思是"红色的山"。

张掖七彩丹霞旅游景区夜游项目范围包括景区北门入口广场、麻子面馆、4号景观台、敖河台、七贤像、万象土林谷以及沿线烽火台、河滩、转角土山等区域，演绎节点包括女娲补天、自然生灵、远古壁画、阿兰拉格达主演区等（图5-38）。

（a）文化风情解析　　　　　　　　　　　（b）景观平面布局

图5-38　阿兰拉格达文化解析（良业科技集团股份有限公司）

用艺术性的光影手段，突出天地丹霞的地质奇观的夜景面貌，彰显本真的同时，通过丰富的光科技手段植入文化内涵，增加夜游吸引力。

本项目为七彩丹霞景区夜游路径以及关键节点提供了功能照明、全线氛围灯光营造。首次实现长度达12km的自然地貌光影夜游体验，打造了10万平方米山体激光光影秀，利用光影技术再现丹霞七彩奇幻的自然地貌夜间新形象（图5-39）。

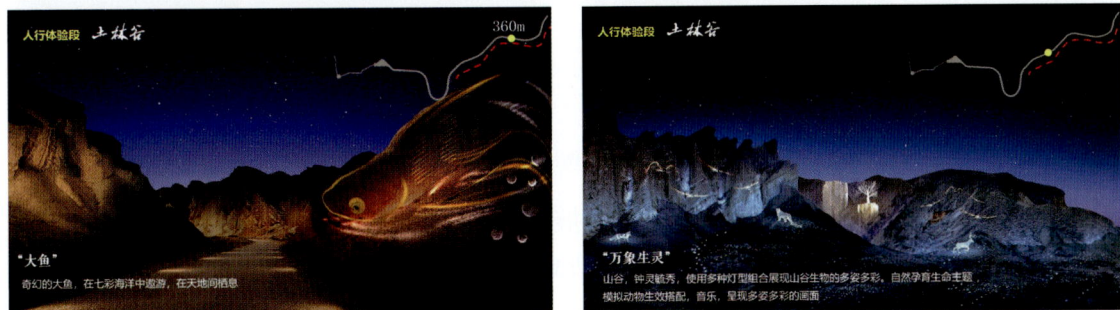

（a）艺术节点效果示意（大鱼）　　　　　（b）艺术节点效果示意（万象生灵）

图5-39　阿兰拉格达艺术节点（良业科技集团股份有限公司）

《阿兰拉格达》沉浸式梦幻山谷光影演绎，是以音乐灯光、数字演艺、光影互动为核心的沉浸式梦幻山谷体验项目。

项目以全国唯一、甘肃独有的裕固族神话故事为蓝本，综合运用声、光、电、灯、雾、机械以及现代艺术造型，将张掖民俗、裕固文化与地质自然景观巧妙结合，以"沉浸"的艺术形式展现，给游客带来身临其境的互动体验，实现了文化与自然、商业与艺术、感官与记忆、理想与现实的多维度平衡。

万象土林谷是《阿兰拉格达》沉浸式梦幻山谷光影演绎的核心，置身其中，道士林直冲天际。全场四个篇章、四个剧目，讲述了数百年前七彩部族的先民，在七彩神鹿的指引下，迁徙到女娲补天遗落的七彩石孕育的七彩山脉繁衍生息，瑰丽富饶、风调雨顺、草木欣欣的七彩丹霞山脉成为一片乐土。在部族首领的继承仪式上，七彩神鹿被热烈歌舞、激昂高歌的部族新首领巴特尔吸引，怦然心动、暗自倾心，幻化成"白灵鹿"的少女，与英勇善战、善良仁厚的巴特尔相知、相爱、相守。垂涎七彩丹霞山脉色彩已久的恶魔芒尔斯企图打破和平，夺走七彩山脉的色彩，英勇善战的巴特尔拿起部族传承的神弓与白灵鹿并肩战斗。最终白灵鹿牺牲自己的七彩神力，将恶魔芝尔斯封印在了山谷的深处，让七彩丹霞山脉和七彩部族重获新生的故事（图5-40）。

（a）星空效果示意

（b）火焰效果示意

（c）冰山效果示意

（d）群猎效果示意

图5-40　阿兰拉格达土林谷节点（良业科技集团股份有限公司）

张掖七彩丹霞旅游景区夜游项目是张掖七彩丹霞景区探究文化和旅游融合再赋能的创新实践，打造了以内容创新和科技创意为核心的复合型旅游产品。项目的建设延展了景区夜间经济生态链，实现了景区与地域文化的完美结合，展示了张掖地域文化、景区地质文化和肃南民族文化，填补了张掖主题夜游的空白。项目的建成并投入运营成为七彩丹霞景区的旅游新IP，张掖旅游的新亮点，也成为打造七彩丹霞世界级旅游景区、国际旅游目的地的创新驱动力（图5-41）。

（a）灯光演绎实景1

（b）灯光演绎实景2

图 5-41　阿兰拉格达现场实景（良业科技集团股份有限公司）

5.4　文旅夜游类案例

5.4.1　临沂琅琊古城商业街区夜游案例

5.4.1.1　总体概述

2024年4月25日，山东省文旅产业高质量发展大会在临沂琅琊古城开幕，临沂琅琊古是全国非遗与旅游融合发展景区、全国优选文化旅游投融资项目、省夜间文旅消费集聚区、省新旧动能转换精品文化旅游产业项目。

临沂琅琊古城定位：一幅三千年临沂的全景画卷。

5.4.1.2　项目介绍

（1）设计范围。规划占地面积2037亩，核心区645亩，总建筑面积约70万平方米。琅琊古城景点分为"七梦"和"七寻"。"七梦"即七大梦幻场景，包含琅琊秘境区、水墨风雅区、古典艺术区、沂州府衙区、沂蒙老街区、琅琊盛世区、沂州商贸区。"七寻"即寻戏（立体沉浸式演艺）、寻境（探寻琅琊古今）、寻趣（享互动乐趣）、寻味（品山东美食）、寻装（换盛装穿越）、寻物（购在地文创）、寻学（承趣味研学）七大精彩玩法（图5-42）。

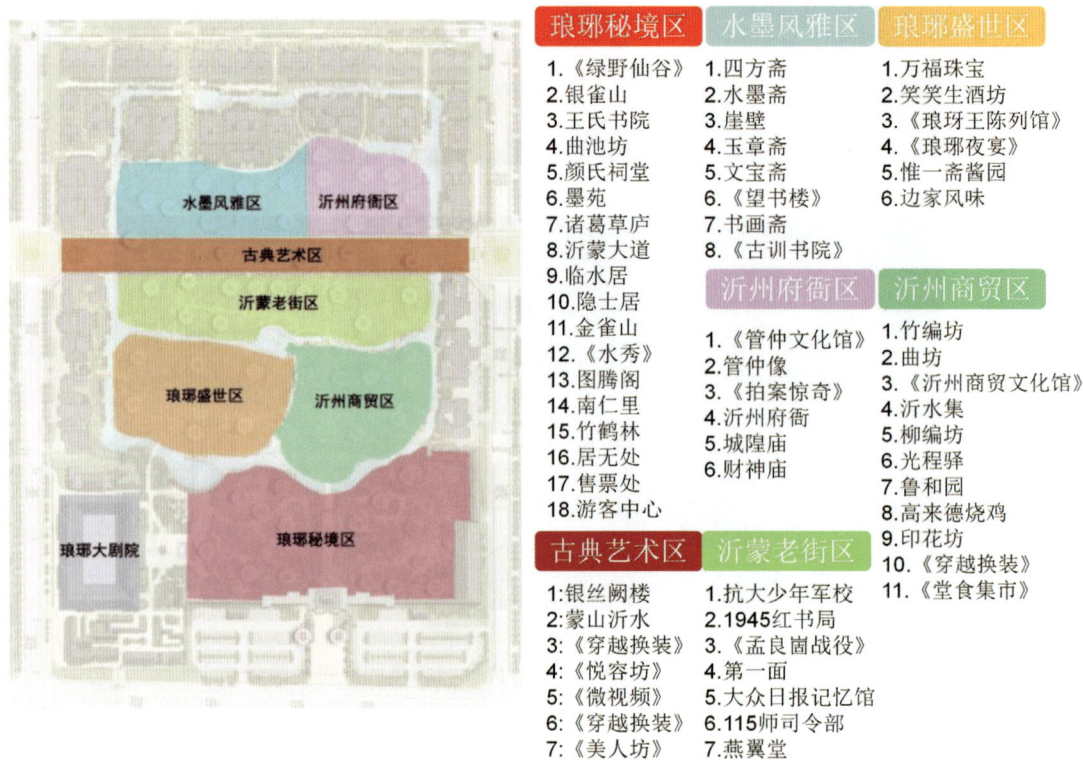

图5-42　琅琊古城景点分区（山东建筑大学设计集团有限公司提供）

（2）设计原则

①动静结合：商业街通过将路面照明、街上的公共设施的照明及跨街串灯装饰组合为一体，创造一个有机的照明整体画面，实现动静结合的效果。

②色彩丰富：商业街的建筑和各大广告牌在各类光色下显得繁华而富有活力，通过色彩的丰富性突出自身的照明特点和个性。

③重点突出：重点突出店标、广告和橱窗，但应注意控制眩光。

④避免眩光：以避免给行人的视觉带来不适感。

（3）设计步骤。现场调研方式方法，使用设备，白天和晚上调研注意事项等。首先，前期根据手里已有资料进行现场调研，使用设备一般为照相机、无人机、照度仪等。调研一般分为日景和夜景两部分内容。日景调研主要通过无人机或在制高点拍摄项目整体情况，对项目有个整体认知和了解。其次，对主要出入口、主要观赏视角、载体较好的位置及重要节点进行调研、拍照。再次，对于较有特色的载体结构、造型、材质等细节进行调研，考虑方案设计时灯具安装、灯具参数的选择合理性。夜景调研主要查看有无照明、现有灯具的使用情况，是否损坏、损坏程度、实际测量亮

（照）度是否达标、色温选择是否合理、有无眩光等情况，条件允许的情况下可以考虑与日景的重要节点进行同角度拍摄，便于对日景、夜景情况进行直接对比，一目了然。与业主进行充分沟通，了解项目缘起、目的、痛点、实际需求、投资预算、建设时间周期等核心需求。结合业主需求对项目的区位、环境、文化、历史、经济、社会等情况进行分析、总结，使设计构思和方案能够充分与当地文化元素相融合，符合当地文化、历史风情。通过搜集国内优秀案例进行对标、分析，并总结项目的重点、难点，提出设计策略、设计目标和设计理念，精简概况、特点突出。

适用国家标准或者业主需求；平立剖面分析/示意图等；光色、亮度、动静态分析图的制作方式和类型等。总平面图主要体现项目整体布局情况，亮度主要体现项目的光色分级，光色分级依据主要对项目载体的重要程度、是否沿街、人流量等进行综合考量。光色分析依据主要对项目的载体性质、视觉感受、冷暖色温、有无全彩变化进行综合考量；动态分析依据主要对项目的载体性质、体量、重要程度等进行综合考量（图5-43）。

（a）平面布局

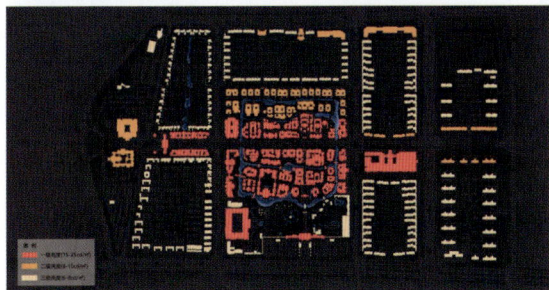

（b）亮度分布

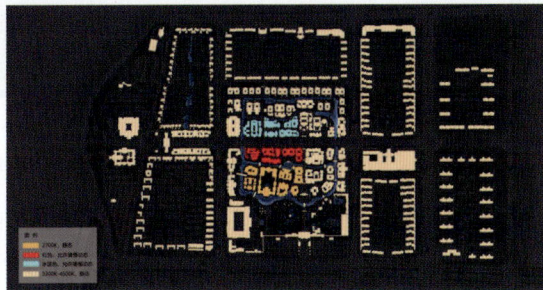

（c）光色分布

图 5-43　琅琊古城平面布局（山东建筑大学设计集团有限公司提供）

该区域以泛光照明远投为主，通过暖色、宽角度的投光灯进行投射，使氛围更加符合当时的场景，对游客有一种代入感，身临其中的真实感受。布灯方式通过借助既有载体，如灯杆、墙壁、横梁等结构对灯具进行尽可能地隐蔽，使灯具在白天看起来不突兀，更加和谐（图5-44）。

（a）沂蒙老街门头景色

（b）沂蒙老街特色山墙夜色

图5-44　红街景（山东建筑大学设计集团有限公司提供）

功能需求：凤鸣街两侧建筑的泛光照明配合舞台演绎的场景启闭，且具备远程控制功能。

存在问题：回路混乱、色温不统一、不具备远程控制功能，灯具需要逐个手动开启，费时费力。

解决方式：凤鸣街建筑载体具备基础的照明，且已初步形成规模，考虑到经济性及可实施性，对已安装灯具的回路及负荷进行逐个摸排，掌握第一手数据，提出切实可行的改造建议，通过增加控制模块实现对灯具的一键启闭，节约成本，提高管理效率（图5-45）。

（a）鸟瞰效果

（b）景点效果

图5-45　典型难点解析凤鸣街（山东建筑大学设计集团有限公司提供）

项目实施后，取得市民的高度评价，市民踊跃到园区夜游，拉动了夜景经济，为市民提供了休闲娱乐的地方。这座以全景沉浸手法打造的古城，再现了临沂琅琊盛世的全景画卷，入夜后是最美的时刻。万千灯笼全部亮起，同时开启了穿越时空的浪漫之旅（图5-46）。

图 5-46　琅琊古城夜景实景（山东建筑大学设计集团有限公司提供）

琅琊古城举办的众多夜游活动，吸引了大批室内外的游客参观。在全沉浸式美食体验中，可以边吃边拍边看戏。这里不仅有近百种特色小吃，更有几十处网红打卡场景，游客置身于唐风市集美景之中可尽情打卡，品味触手可及的各地美味佳肴。

琅琊古城，雕刻十载、今朝梦成！这是一座入画琅琊的"颜值"之城，这是一座立体沉浸的演艺之城，这是一座时空漫游的穿越之城。从"颜值"到演艺再到穿越，正是在这精妙的文旅创意空间之中，让游客不知不觉间渐渐获得入画、入戏、入梦的三部曲体验（图5-47）。

（a）夜景实景1

（b）夜景实景2

图 5-47　琅琊古城夜游打铁花活动（山东建筑大学设计集团有限公司提供）

5.4.2　济宁曲阜蓼河及商业文旅夜游案例

5.4.2.1　案例概述

济宁曲阜蓼河打造的《久仰·曲阜》夜游项目是全国首个纪实情

山东济宁
蓼河夜游

景行浸式文化朝圣夜游，以"传千年之经义 ，燃万古之明灯"为立意，溯源曲阜千年历史 ，讲述圣城千年文脉传承的动人故事（图5-48）。

| （a）济宁蓼河夜景鸟瞰实景 | （b）济宁蓼河夜景节点实景 |

图 5-48　蓼河夜游工程总体效果（奥斯福集团有限公司）

5.4.2.2　案例解析

曲阜市蓼河南起轩辕路西侧拱桥，沿河北至蓼河廊桥，游线单长2.5km，来回5km。以声、光、电、影、演多元融合表现形式，通过数字智能控制技术，体验一场悟道朝圣之路，开启一场行浸式文化朝圣夜游（图5-49）。

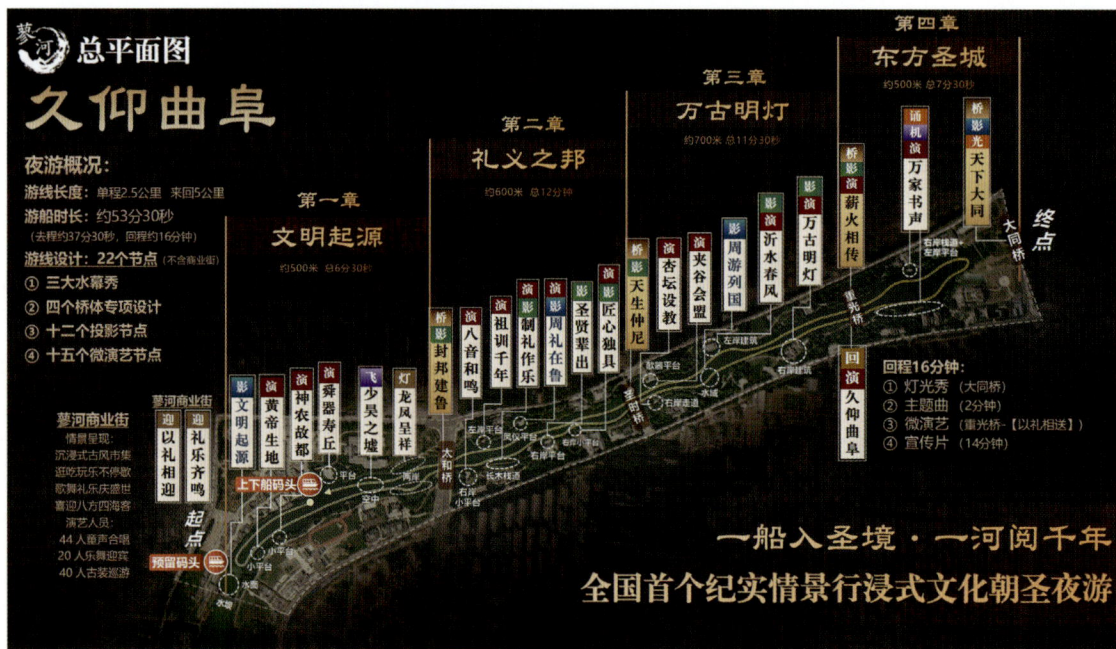

图 5-49　久仰曲阜四个篇章分布（奥斯福集团有限公司提供）

设计通过"文明起源、礼仪之邦、万古明灯、 东方圣城"四个主题篇章、四大类型演绎合计45min游览时长，生动全面地在蓼河上演绎群英荟萃、圣贤辈出的耀眼时代。第一篇章为文明起源，提取山海经凤鸟图腾等奇幻元素，讲述建立百鸟之国的故事，开启蓼河夜游之旅（图5-50）。

图 5-50　水幕秀（奥斯福集团有限公司提供）

第二篇章为礼仪之邦。在中国历史上，齐鲁是第一个，也是影响最大的"礼仪之邦"（图5-51）。

图 5-51　礼仪之邦（奥斯福集团有限公司提供）

第三篇章为万古明灯。公元前551年，孔子诞生在尼山之巅，自此一代至圣，儒家思想走向天下，如万古明灯，照耀后世千年（图5-52）。

第四篇章为东方圣城。圣城哺育圣人，圣人成就圣城，留下了于中国、于世界惊叹的、辉煌的文化遗产（图5-53）。

（a）万古明灯设计效果1

（b）万古明灯设计效果2

图 5-52　万古明灯（奥斯福集团有限公司提供）

（a）东方圣城设计效果1

（b）东方圣城设计效果2

图 5-53　东方圣城（奥斯福集团有限公司提供）

5.4.2.3　项目影响力

（1）点燃夜间经济、打造城市消费新动力。创意光影秀以4D立体化体验，带领游客在光影交织中感受文化的传承，丰富人们的夜间生活，点燃夜间经济，助力夜间消费聚集区的建设与提升，打造城市消费新动力，引领"科技+文化+旅游"的发展新业态。

（2）智慧光影提高节能环保效能，实现绿色低碳发展。利用灯光的颜色、投射方式和不同的明暗亮度创造出立体感、层次感。按照节日、平时、节能三种模式运行管理。节能环保的同时满足不同时段和不同场景的灯光演绎需求，有效降低了电量能耗和后期维护、管理等运营成本。聚焦智慧照明的中枢控制，可广泛用于智慧城市的节能照明，助力于节能减排、绿色低碳发展（图5-54）。

（a）实景1

（b）实景2

图 5-54　蓼河夜游实景（奥斯福集团有限公司提供）

借助"互联网+文化"的智慧照明管理体系，实现了照明设施的数字化和智能化管理，建立了沉浸式灯光控制管理系统，树立了产业新模式。

5.4.2.4   创新特色

（1）城市资产。在业内率先提出了把照明设施作为城市资产，实施全寿命周期的智慧管理体系。通过"前端物联感知"+"后端智能平台"的联动管理模式，对城市照明进行"点、线、面"综合监控管理，实现城市照明设施资产数字化管理、智能化监控、智慧化控制、精细化降耗，从而推动城市照明管理与节能双发展。

（2）光影融合。通过声、光、电、水影、全息投影等光影技术的融合创新，突破数字光影的技术瓶颈，产生令人震撼的呈现效果和沉浸式体验。加快优秀文化和旅游资源的数字化转化及开发，形成虚实结合的技术呈现能力，提高文旅资源普惠化水平，更好地满足人民美好生活需要，引领行业发展。

（3）智慧控制。运用数字化控制管理，使之具备集中开启、闭合，动态控制、电流量控制、数据查询（用电量等）、安全报警、多媒体实景演示和控制方案选优等功能，实现全天候运行和科学化管理。

5.5   建筑装饰照明案例

5.5.1   济南历城区党史馆室内外照明装饰案例项目

5.5.1.1   总体概述

济南历城党史教育馆（以下简称党史馆）位于济南文博中心会展楼建筑，室内建筑面积约6000m^2，室外广场面积约10000m^2。

整个党史馆以"辉煌一百年、奋进新时代"为主题，以中国共产党党史为主线，通过声光电和数字智能控制技术，还原史实场景，生动全面地讲述中国共产党在各个历史进程中取得的伟大成就。党史馆共分为三层，分别从站起来、富起来到强起来展现中国共产党百年的光辉历程（图5-55）。

（a）实景1   （b）实景2

图 5-55   历城党史馆室外景色（奥斯福集团有限公司提供）

历城党史馆的建成启用，丰富了历城区红色教育阵地，充分发挥以史为鉴、资政育人的作用，使广大党员干部、人民群众知党、爱党、护党，进一步增强了干事创业的信心和勇气。全新的交互式、全景式、沉浸式学习环境，为打造全国红色党建教育基地树立了典范。历城党史馆作为中共山东省委党校党史主题教室，已成为各级党员干部群众和青少年团体开展党史学习教育的一个重要平台。

5.5.1.2　设计概况

整个展馆共分为三层，一层重点展示旧民主主义革命失败后，中国共产党领导中国人民取得新民主主义革命胜利，建立中华人民共和国，中华民族从此站起来的光辉历程（图5-56）。

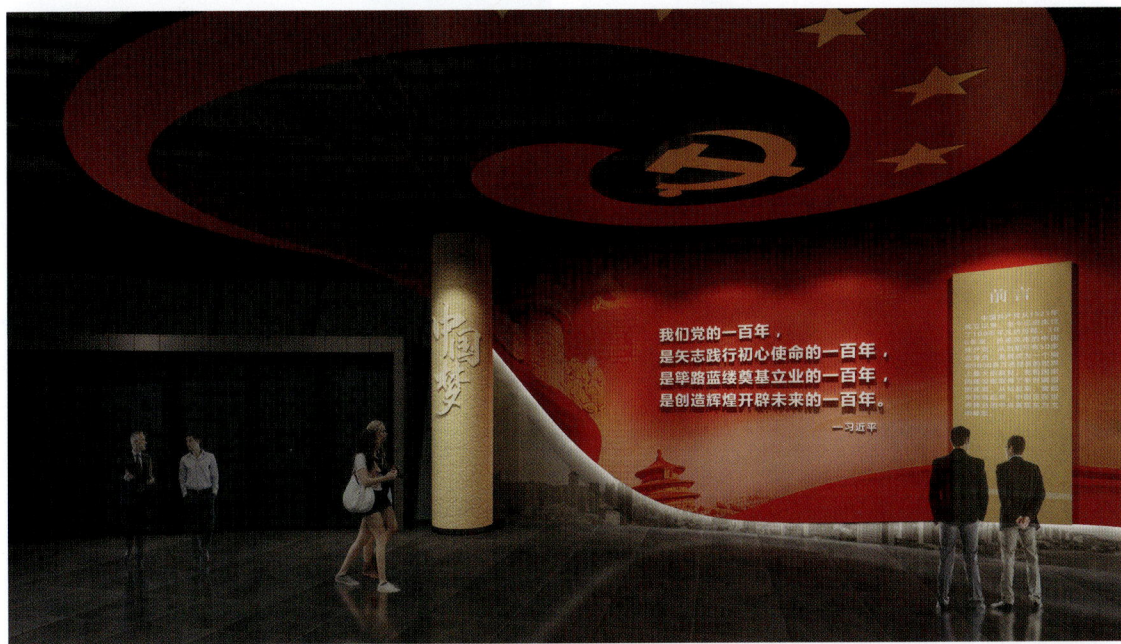

（a）效果示意1

（b）效果示意2

（c）效果示意3

图 5-56　历城党史馆一层效果图（奥斯福集团有限公司提供）

二层重点展示中国共产党在社会主义革命和建设时期完成兴国大业，在改革开放和社会主义现代化建设新时期推进富国大业，实现中华民族伟大复兴、强起来的光明前程（图5-57）。

（a）效果示意1

（b）效果示意2

（c）效果示意3

（d）效果示意4

图5-57　历城党史馆二层效果图（奥斯福集团有限公司提供）

三层重点展示中国共产党在中国特色社会主义新时代中推进，在21世纪中叶实现强国大业，中华民族从强党、强国、强军的政党治理、国家治理和军队治理实践中"强起来"（图5-58）。

（a）效果示意1

（b）效果示意2

图5-58　历城党史馆三层效果图（奥斯福集团有限公司提供）

历城党史馆以"辉煌一百年、奋进新时代"为主线，通过声光电和数字智能控制技术，还原故事史实场景，生动全面地讲述中国共产党在各个历史进程中取得的伟大成就。展现形式主要包括全息投影、异形显示屏、景观小品、造景雕塑、数字高清互动投影、裸眼3D、沉浸式演绎、图文展板、视频播放等。

5.5.1.3　照明设计理念、方法等的创新点

历城党史馆以《奋斗百年路、启航新征程》为主线，充分将党史文化与光影高科技创新完美结合。通过历史真实再现，回顾中国共产党百年奋斗的光辉历程，展望

中华民族伟大复兴的光明前景，向观众展现了中国共产党团结带领中国人民，浴血奋战、百折不挠，创造了新民主主义革命的伟大成就。历史事件荡气回肠，事件展示节奏紧凑，用一部党建展示创新作品重现了那段"站起来、富起来、强起来"的伟大的中国变革故事（图5-59）。

（a）实景节点1　　　　　　　　　　　　　　（b）实景节点2

图 5-59　历城党史馆实景声光电（一）（奥斯福集团有限公司提供）

展示形式上，党史馆的展现形式突破性地将"实景剧场""音乐剧""光影剧"融为一体，进行大型现代化室内演示（图5-60）。

（a）实景1　　　　　　　　　　　　　　　　（b）实景2

（c）实景3　　　　　　　　　　　　　　　　（d）实景4

图 5-60　历城党史馆实景声光电（二）（奥斯福集团有限公司提供）

济南历城区党史馆室内外照明装饰空间打破了传统受众、题材与形式的界限，让经典剧目焕发新生。它不仅唤起几代人对党和国家的深厚情感，更激励广大党员干部坚守初心、勇担使命，从红色文化中汲取力量，传承革命精神。

5.5.2　北京宁夏大厦（原综合楼）室内照明改造提升案例

5.5.2.1　总体概述

北京宁夏大厦（原）综合楼位于北京市东城区安定门内大街，距离天安门广场5.13km，与国子监、雍和宫咫尺相望。建筑面积18026m²，地上十层，地下二层，建筑高度33m。2004年开业，至今使用已经近20年。综合楼承担了宁夏回族自治区的重要政务保障工作，对协助自治区报送、招商引资、劳务输出等相关事务具有十分重要的意义。

综合楼拥有各式房间一百余套，餐厅、会议、住宿、特色产品销售服务配套齐全，可满足不同需求。运营20年来，出现了硬件老化、审美滞后等相关问题，影响大厦的正常接待运行。经过本轮的整体装修提升，全面提升了酒店的接待能力，提高了酒店服务品质，满足了客人的住宿感受。

5.5.2.2　案例介绍

设计方案以现代设计理念和设计手法，结合宁夏回族自治区得天独厚的地域风貌、地域文化、地域特色，打造一个"安全、绿色、智能、环保、实用"的现代化中高端商务大厦。

在保证大厦框架结构不变的前提下，尽量减少拆除工作面，对大厦原有的老旧设备更新换代，确保安全使用、稳定运行、节能环保、防尘降噪、抗渗防漏。在装饰装修方面，突破现有功能布局，对餐饮和会议室等面客区域进行平面优化和交通流线规划，以适应市场和运营的需要。同时对大厦外围（红线内）环境进行整体升级改造，给人从内到外的全新体验。

5.5.2.3　问题与路径

照度：整体照度足，灯光层次不够，作为主要照明的光源不足，装饰灯具过多，影响主光源的照射效果和氛围营造，无法体现不同空间的设计效果。

色温：整体色温基本一致，没有根据空间的特性设计色温，导致空间的效果全部一直过于单调，没有层次感，空间感受不舒适。

兼容性：灯具的功能过于单一，对多功能用途的房间的适用性不足，空间的布局发生改变时，灯具位置又不可改变，导致使用不便利。

调研及问题分析如图5-61所示。

（a）　　　　　　　　　　　　（b）

图5-61　调研及问题分析

5.5.2.4　设计效果

酒店一层为接待大厅、餐厅及宴会厅等大空间需求。一层大堂为双层空间，左侧为旋转体及风味餐厅，左侧为大堂吧、最内侧为宴会厅。

首先做空间的优化，优化方式为平面优化。

①前台接待规划至正入口，入口东侧设置休息区，原前台位置改为宴会前厅，打通宴会入口。

②宴会前厅休息区、大堂吧、空间共用，提高利用效率，开放特色产品展售区。宴会厅设置隔断，满足两场活动同时使用。北厅东侧增设门，通往卫生间及大堂吧。

③设置家具库，便于切换会议、宴会、培训等功能，两厅之间设置控制室，便于管理。加大原有男女卫生间，满足使用要求。保留风味餐厅明档，原风味餐厅的餐梯同时供用宴会，提高利用效率。在不影响宴会厅使用的条件下，打通在风味餐厅与宴会厅隔墙，便于高利用率经营，最大化座位数量规划（图5-62）。

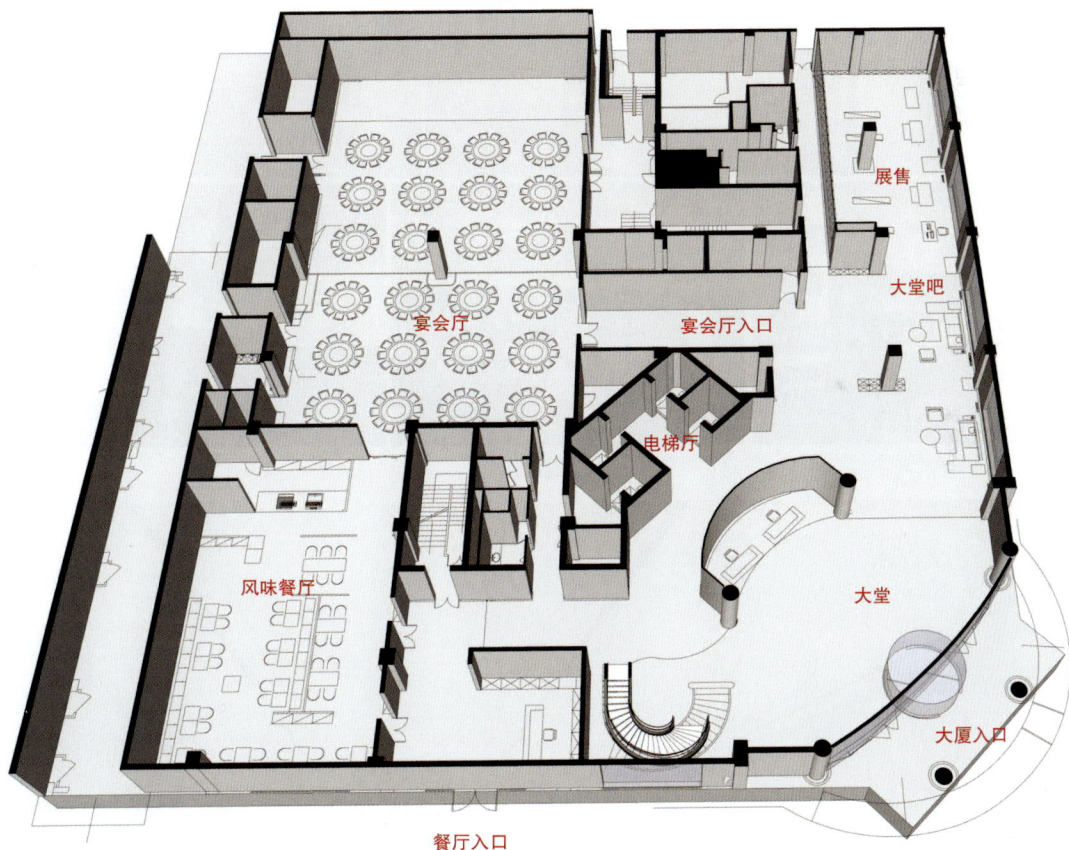

图 5-62　一层方案轴测图（北京清尚建筑设计研究院提供）

一层大堂属于入口的最重要形象位置，方案几经更改（图5-63）。

一层宴会厅风格比较陈旧，红色地面、绿色椅子、灯光风格滞后，所以本次提升以现代化理念为方向、以屋顶装饰为主，灯光纯净。宴会厅功能多样，可以举办大型会议，也可以提供餐饮服务（图5-64）。

（a）第一版效果图

（b）实施实景

图 5-63　大堂效果图及实景

（a）装修前实景

（b）效果图示意

（c）装修后实景

图 5-64　会议厅现场 - 概念 - 实景

　　二层和三层以包房为主。包房的类型多样，每个大包间都具有自己的风格，风格由宁夏的风土人情、历史文化中的重要元素组成，从概念到深化再到施工，作为精细化规划设计，时刻都在变化中（图5-65）。

（a）餐包实景

（b）宴会厅实景

图 5-65　包房实景

　　四至八层为标准客房层，以亲切舒适、人性化、智能化为宗旨，打造宾至如归的感觉。原有客房以暖色灯光为主，装修色彩以褐色为主色调，经过岁月的洗礼，不太满足现在以年轻人为消费主体的市场需求（图5-66）。

　　本次客房提升，提升装修材料的亮度及色系，提高灯光的色温，使得客观上空间不足的走廊能够更明亮，使心情更开阔。客房的灯光更加柔和，材质上更温馨和简约（图5-67）。

（a）局部细节设施　　　　　　　　　（b）客房走廊空间　　　　（c）客房内门空间

图 5-66　原有客房现场

（a）走廊效果示意　　　　　　　　　　　　　　（b）客房效果示意

（c）楼层公共空间实景　　　　　　　　　　　　（d）客房实景

图 5-67　四层到八层效果图及实景

　　十层为大会议厅，屋顶为穹顶会议空间。大会议厅为半圆空间、长条会议桌，光色以白色为主，穹顶为建筑的最高层，空间开阔，可观城市全景（图5-68）。

（a）会议室效果示意

（b）穹顶效果示意

（c）会议室实景

（d）穹顶场所实景

图 5-68　会议室及穹顶

参考文献

[1] 马文. 为什么交通信号灯选择红黄绿这三种颜色[J]. 新长征（党建版），2018（11）：63.

[2] 刘登飞. 照明技术与照明设计[M]. 北京：机械工业出版社，2023.

[3] 胡钟才，李文方. 简明摄影辞典[M]. 哈尔滨：黑龙江人民出版社，1984.

[4] 郝洛西，曹亦潇. 光与健康[M]. 上海：同济大学出版社，2021.

[5] 王立维，华树明. 绿色照明200问[M]. 2版. 北京：中国电力出版社，2015.

[6] 林崇德. 心理学大辞典[M]. 上海：上海教育出版社，2003.

[7] 葛坚，赵家良，黎晓新. 眼科学[M]. 2版. 北京：人民卫生出版社，2005：378.

[8] 徐华. 照明设计基础[M]. 北京：中国电力出版社，2023.

[9] 吕飞. 城市照明相关政策解读及当前工作重点分析[J]. 照明工程学报，2023，34（6）：8-10.

[10] 晁岱全，杨永全，石瑶. 浅谈景观照明的智慧控制[J]. 照明工程学报，2022，33（5）：49-54.

[11] 王晶. 城市景观照明灯光控制系统设计[J]. 网络安全技术与应用，2019（7）：93-95.

[12] 晁岱全，杨永全，石瑶. 浅谈景观照明的智慧控制[J]. 照明工程学报，2022，33（5）：49-54.

[13] 黄鑫慧. 城市照明规划设计研究[D]. 合肥：合肥工业大学，2017.

[14] 李馨瞳. 喷泉水景制图标准前期研究：以喷泉水景工程设计图例为主[D]. 西安：西安建筑科技大学，2015.

[15] 李云开，梁彩凤. 关于喷泉类型、组成与设计规范的综述[J]. 科技创新与应用，2022，12（29）：91-95.

[16] 陈文辉. 基于MCS-51单片机的音乐喷泉控制[J]. 福建轻纺，2009（6）：47-49.

[17] 陈蓬勃，朱玲慧. 浅谈喷泉水景灯光设计[J]. 艺术品鉴，2016（9）：56.

[18] 姜紫薇. 景观中的喷泉[J]. 文艺生活（下旬刊），2018（6）：196.

[19] 宋珂，罗婕，郑志军. 基于PLC与MCGS的音乐喷泉控制系统设计研究与探索[J]. 自动化与仪表，2021，36（11）：21-26.

[20] 张姣. 沈阳旅游景区音乐喷泉建筑设计[J]. 建筑科学，2023，39（9）：184.

[21] 赵岩鑫. 基于OpenGL的音乐喷泉模拟控制系统[D]. 上海：东华大学，2020.

[22] 晏钢强，黄世平，郑杨昆，等. 喷泉水秀项目实景案例介绍[J]. 灯与照明，2020，44（1）：46-50.

[23] 徐雅琴. 灯光秀：城市文化的光影记忆[J]. 南昌师范学院学报，2023，44（4）：75-80.

[24] 蔡新元，王康. 灯光节重塑城市形象的路径[J]. 创意与设计，2023（2）：22-28.

[25] 宋超. 当今国内文旅景观光环境设计中"灯光秀"的发展趋势分析[J]. 艺术教育，2018（19）：128-129.

[26] 肖弯. 后疫情时代城市空间媒介的可沟通性探索[D]. 福州：福建师范大学，2022.

[27] 高艺元，郭建. 基于GIS的昙华林历史文化街区建筑价值评价研究[J]. 华中建筑，2017，35（5）：86-89.

[28] 肖然，陶梦楚，蔡新元. 我国城市灯光秀的建设现状及发展策略研究[J]. 城市建筑，2020，17（35）：167-169.